Bruno Machinek

Gott und die Welt der Quanten

Bruno Machinek

Gott und die Welt der Quanten

Die moderne Physik und der geistige Urgrund des Universums

Coverbild iStock ID-166877001

1. Auflage 2020

© Copyright dieser Ausgabe by
Gerhard Hess Verlag, 88427 Bad Schussenried
www.gerhard-hess-verlag.de

Printed in Europe

ISBN 978-3-87336-681-7

Bruno Machinek

Gott und die Welt der Quanten

Die moderne Physik und
der geistige Urgrund des Universums

Gerhard Hess Verlag

Inhalt

Wissenschaft ohne Religion ist lahm.
Religion ohne Wissenschaft ist blind.

Albert Einstein

Der individuelle Mensch
ist mit dem ganzen Kosmos verbunden.

Hans-Peter Dürr

Vorbemerkung

Gut 100 Jahre ist es her, dass die Physik, die Kerndisziplin aller Naturwissenschaften, ein völlig neues Kapitel ihrer Geschichte aufgeschlagen hat. Historiker sprechen von einem Paradigmenwechsel, vergleichbar mit der kopernikanischen Wende, die im 16. Jahrhundert mit der Vorstellung der Erde als Mittelpunkt des Weltalls brach und die Sonne, entgegen allem Anschein, ins Zentrum der Planetenbahnen rückte.

Am Beginn des großen Umbruchs stehen Namen wie *Albert Einstein, Max Planck, Werner Heisenberg, Erwin Schrödinger, Max Born* und der Däne *Niels Bohr.* Deren Entdeckungen beseitigten die Fundamente der herkömmlichen Physik. Nicht, weil die Gesetze der Newton'schen Physik ihre Gültigkeit verloren hätten. Vielmehr ging es um die Grundannahmen der bisherigen, als klassisch bezeichneten Physik. Diese betrachtete das Universum als ein in sich abgeschlossenes System mit unveränderlichen, ewig gültigen Gesetzen. An deren Erforschung glaubte man am Ausgang des 19. Jahrhunderts fast schon am Ende zu sein.

Bezeichnend hierfür ist die folgende Begebenheit. 1874 legte in München der vielseitig begabte *Werner Heisenberg* mit erst 16 Jahren sein Abitur ab. *Philipp von Jolly,* Physikprofessor an der Uni München, riet dem Jüngling, lieber Musik oder Altphilologie statt Physik zu studieren, da es in dieser Wissenschaft so gut wie nichts mehr zu entdecken gäbe. Und der erste amerikanische Nobelpreisträger, *Albert Michelson,* war 1896 ebenfalls überzeugt davon, dass man im Grunde schon alles wisse. Es gelte lediglich, das Gewusste noch auf ein Millionstel genau zu berechnen.

Man ahnt, wie tief der Schock sitzen musste, als nur zwei Jahrzehnte später durch einige „jungen Wilde", wie man heute sagen würde, Erkenntnisse gewonnen wurden, die zwei völlig neue Bereiche der Physik begründeten und das Gedankengebäude der klassischen Physik ins Wanken und schließlich zum Einsturz brachten: die *Relativitätsphysik* und die *Quantenphysik*. Die Relativitätstheorie kennt nur einen Vater, den genialen Albert Einstein, die Quantenphysik hat deren mehrere. Von ihnen und ihren Erkenntnissen soll im Folgenden die Rede sein, unter Vernachlässigung der Relativitätsphysik, die dank Einstein zumindest dem Namen nach bekannter ist und mit der Quantenphysik eine sich ergänzende Einheit bildet.

Für unsere Thematik bedeutsamer ist allerdings die Letztere. Zum einen, weil sie in der praktischen Anwendung enorme Bedeutung gewonnen hat. Ohne deren Gesetze gäbe es weder Computer noch alle sonstigen Hightech-Geräte. Zum andern führt uns die Quantenphysik ein völlig neues Weltbild vor Augen, welches, im Unterschied zur klassischen Physik, auf ein transzendentes Sein verweist und das lange herrschende Gegeneinander von Wissenschaft und Religion wieder zu einem Miteinander geführt hat.

Wahr ist und bleibt, dass die Naturwissenschaften die Welt auf natürliche Weise zu erklären haben. Indessen zeigt es sich, dass just die Anwendung der naturwissenschaftlichen Methode durch die moderne Physik zu der Annahme berechtigt, dass die Ordnung der physikalischen Wirklichkeit auf metaphysischen Wirkungsfaktoren beruht. Dass die Phänomene der

Quantenphysik uns ein Fenster in eine andere, göttliche Welt geöffnet haben, in der das Geistige frei von Materie existieren kann und ein triumphales Gefühl der Freiheit und Freude zu vermitteln vermag.

Aalen, Mai 2020

Bruno Machinek

I.

Das Weltbild der klassischen Physik
Isaak Newtons

Die Kopernikanische Wende

Nur wenige Monate vor seinem Tod ließ sich der Frauenberger *Domherr Nikolaus **Kopernikus*** überreden, sein lange zurückgehaltenes Buch zur Veröffentlichung freizugeben. Und just an seinem Todestag, am 24. Mai 1543, erschien es in Nürnberg in lateinischer Sprache unter dem Titel *„De Revolutionibus Orbium Coelestium"* (Über die Umschwünge der himmlischen Kreise) mit einer Widmung an den Papst. Darin beschrieb der Autor, mehr naturphilosophisch als mathematisch exakt, ein Modell, dem zufolge die Erde und die fünf anderen damals bekannten Planeten sich um die Sonne bewegen und die Erde sich um ihre eigene Achse dreht.

Der Nürnberger Reformator *Andreas Osiander* hielt es für angebracht, den brisanten Inhalt des Buches mit einem Vorwort eigenmächtig zu kommentieren. Das allem Augenschein widersprechende Weltbild des Kopernikus sei ein bloßes Mittel zur Berechnung der Planetenbahnen. Und Martin Luther soll gemurrt haben: „Der Narr will mir die ganze Kunst der Astrologia umkehren." Womit er, anders jedoch als gedacht, Recht behalten sollte; denn das Buch wurde zu einem

Meilenstein der neuzeitlichen Astronomie und Wissenschaft, *Kopernikanische Wende* genannt.

In gelehrten Kreisen erregte das Buch, entgegen der landläufigen Meinung, nur geringes Aufsehen. Das alte *geozentrische System*, das auf einer Abhandlung des Mathematikers und Astronomen *Claudius* **Ptolemäus von Alexandria** im zweiten nachchristlichen Jahrhundert basierte, lieferte hinreichend gute Vorhersagen für das Auftauchen der Himmelskörper am Firmament. Den großen Durchbruch erlebte das neue *heliozentrische System des Kopernikus* erst zu Beginn des 17. Jahrhunderts mit der Erfindung des Fernrohrs durch den holländischen Brillenmacher *Hans Lipperhey* 1608, das Astronomen wie *Johannes Keppler* und *Galileo Galilei* neue Möglichkeiten der Himmelsbeobachtung bot.

Renè Descartes und das Zeitalter des Rationalismus

Was in der Physik Isaak Newtons im späten 17. Jahrhundert einen ersten Höhepunkt erreichte – die Welt in Maß und Zahl zu erforschen – geschah auf der Grundlage einer neuen Sicht auf die uns umgebende Wirklichkeit. Mit dem französischen Mathematiker und Philosophen *Renè Decartes* (1596-1655) begann das Zeitalter des Rationalismus. Die Ratio, Vernunft, wurde Mittel und Maßstab bei der Erforschung der Natur ebenso wie der philosophischen Erkenntnis.

Descartes ersetzte das über fast zwei Jahrtausende geltende *teleologische Weltbild* des Aristoteles (384-322 v. Chr.) – alles in der Natur ist zweck- und zielgerichtet – durch ein *kausalistisches*

Weltbild: Alle Erscheinungen in der Welt der Objekte ergeben sich durch Druck und Stoß. Keine Wirkung ohne Ursache. Auch in der Welt des Lebendigen sei alles mechanisch erklärbar. Pflanzen und Tiere sind für ihn Maschinen, deren Eigenschaften sich aus dem Aufbau und der Anordnung ihrer physischen Bestandteile ergeben. So wie sich das Verhalten einer Uhr aus der Anordnung ihrer Zahnräder, Federn und Gewichte ergibt.

Eine Übertragung dieser Uhrwerkeigenschaften auf das Funktionieren des gesamten Universums lag nahe. Auf der Grundlage dieser Logik war auch die bis dahin geltende Einheit von Geist und Materie nicht länger zu halten. *Descartes unterteilte die Wirklichkeit in eine materielle und in eine nichtmaterielle Sphäre.* Zweigeteilt ist dementsprechend auch sein Bild vom Menschen: Der Mensch besteht aus einem materiellen Körper und einem nichtmateriellen Geist. Körper und Geist „interagieren" an irgendeiner Schaltstelle des Gehirns miteinander, der Zirbeldrüse, wie er glaubte. Wie genau man sich das vorzustellen habe, konnte er allerdings nicht sagen. Wie Bewusstsein entsteht, ist auch heute noch ein ungelöstes Rätsel.

Die Physik Isaak Newtons erlangt universalen Geltungsanspruch

Obwohl erst nach Jahrzehnten zur vollen Anerkennung gelangt, kann die mit Kopernikus beginnende Astronomie für sich in Anspruch nehmen, Ausgangspunkt eines neuen Denkens über die Welt und das Universum gewesen zu sein. *Johannes Kepler* entdeckte 1609 bis 1610 die Gesetze der Planetenbewegungen und deren elliptische Bahnen. Anfang 1610 sichtete *Galileo Galilei* mit seinem Teleskop erstmals die vier größten Monde des Jupiter und erkannte darin eine Analogie der um die Sonne kreisenden Planeten.

Der entscheidende Durchbruch der Naturwissenschaften, speziell der Physik, ist **Isaak Newton** *(1643-1727)* zuzuschreiben. 1686 veröffentlichte er sein epochales Werk *Philosophiae Naturalis Principia Mathematica* (Die mathematischen Prinzipien der Naturphilosophie), das zur Grundlage der klassischen Physik wurde. Newton stellt darin die von ihm im Alleingang entdeckten *Gesetze der Mechanik und der Schwerkraft* vor. Erst jetzt ließen sich die Umlaufbahnen der Planeten erklären und mathematisch berechnen. ***Die Physik wurde fortan, bis in unsere Tage, zum Inbegriff dessen, was Wahrheit und Wissenschaftlichkeit beanspruchen kann.*** Höhepunkt dieses Anspruchs wurde das 1999 erschienene Buch von *Stephen Hawkins* mit dem Titel *Eine kurze Geschichte der Zeit.* Der 2018 verstorbene große Mathematiker und Kosmologe war lange Zeit auf der Suche nach einer alles erklärenden „Weltformel" und glaubte, wenn seine Theorie über die Beschaffenheit des Universums Bestand hielte, würden wir den Plan Gottes kennen.

Dergleichen Hybris ist auf die großen Erfolge in der praktisch-technischen Naturbeherrschung auf der Grundlage neuer empirischer Methoden zurückzuführen, die im 19. und 20. Jahrhundert einen ungestümen ***Fortschritts- und Machbarkeitsoptimismus*** hervorbrachte, der in Teilen bis in unsere Tage andauert. Die Physik und ihre Methoden wurden vorbildhaft für alle anderen Wissenschaften. Selbst Theologen sahen sich unter Zugzwang und machten sich daran, Aussagen der Bibel, die sich dem physikalischen Verständnis entziehen, zu legendenhaften Erzählungen umzudeuten. Verständlicherweise wollte niemand seine Publikationen mit dem Makel der Unwissenschaftlichkeit behaftet sehen. Bezeichnend dafür ist die Aussage des im letzten Jahrhundert einflussreichen evangelischen Theologen *Rudolf Bultmann:* „Wie soll ich einem Menschen des 20. Jahrhunderts die Himmelfahrt Christi erklären, wenn man durch die Betätigung eines Schalters elektrisches Licht anschalten kann."

Der Geist beugt sich der Materie

Erwartungsgemäß blieb es nicht aus, dass der Rationalismus Decartes' und die Erkenntnisse der Newtonschen Physik nicht nur das Weltbild, sondern auch das Verhältnis von Wissenschaft und Religion veränderten. Wie oben schon ausgeführt, legte sich die als klassisch bezeichnete Physik darauf fest, dass das *Universum ein in sich abgeschlossenes Ganzes* sei, das keinerlei Einflüssen von außen unterliege und deren auch gar nicht bedürfe. Weil von ewig gültigen Gesetzen durchwaltet und einem Uhrwerk gleichend, welches einmal aufgezogen, nach eben diesen Gesetzen abläuft.

Die klassische Physik beruht auf einer Reihe von *Annahmen, die rein metaphysischer Art* sind, also keine Schlussfolgerungen, zu denen man durch Experimente gelangen kann:

1. Das Prinzip der *Objektivität:* Dieses geht davon aus, dass es ein objektives materielles Universum außerhalb von uns gibt, unabhängig von uns als Beobachtern.

19

2. Die Annahme eines *kausalen Determinismus*, d. h. die Annahme, dass alles in der Welt determinstisch beschaffen ist. Das bedeutet, dass bei Kenntnis der Kräfte und Anfangsbedingungen, die auf ein Objekt wirken, alles bis auf beliebig viele Dezimalen hin berechenbar ist.

3. *Das Lokalitätsprinzip.* Es besagt, dass materielle Objekte, z. B. Elektronen, unabhängig von einander getrennt existieren und nur durch lokal begrenzte Signale, maximal also mit Lichtgeschwindigkeit, in Wechselwirkung stehen können.

4. Der *materialistische Monismus.* Dieser behauptet, dass unsere Welt durch und durch aus Materie besteht. Auch alle subjektiven geistigen Phänomene seien nur Folgeerscheinungen (Epiphänomene), die aus dem materiellen Aufbau des Gehirns hervorgehen. Ohne dass bis heute jemand erklären kann, wie sich Geist und Bewusstsein von Materie ableiten lassen.

5. Die *Lichtgeschwindigkeit*, außer der es laut Einstein'scher Relativitätstheorie keine größere Geschwindigkeit geben kann.

Die hier genannten *Axiome*, bei denen es sich um nicht weiter begründbare Grundannahmen handelt, haben uns in der klassischen Physik gute Dienste geleistet, als unser Wissen noch nicht den heutigen Stand hatte. Sie brachten eine Philosophie hervor, die als *wissenschaftlicher Realismus* bezeichnet wird, mit weitreichenden Folgen.

Das strenge Kausalitätsprinzip – keine Wirkung ohne eindeutige Ursache – *galt ausnahmslos.* Selbst Gott als Baumeister der „MaschineWelt", sofern noch als solcher anerkannt, unterliege diesen Gesetzen, wodurch seine Allmacht begrenzt sei. Und da sein Eingreifen in das Weltgeschehen weder möglich noch nötig sei, wurde er tendenziell zu einer „entbehrlichen Hypothese", wie der französische Mathematiker und Astronom *Laplace* einst gegenüber Napoleon äußerte. Die Physik übernahm scheinbar unanfechtbar die Rolle der Metaphysik zur Erklärung der Welt als **philosophia naturalis**. Die Frage nach einem transzendenten Sein jenseits der erfahrbaren Wirklichkeit stellte sich, wenn überhaupt, nur noch den Philosophen. So für *Imanuel Kant (1724-1804)* und *Georg Friedrich Wilhelm Hegel (1770-1831)* mit je unterschiedlichen Denkansätzen und Schlussfolgerungen: Als Zertrümmerer der Metaphysik betrachtet der eine, und mit der Idee eines absoluten Geistes der andere, der mit dem vom Christentum verkündeten persönlichen Gott und liebenden Vater aller Menschen nur noch wenig gemein hatte.

Überdies brachte das materialistisch-mechanistische Denken einen *starren* **Determinismus** hervor, dem zufolge alles unveränderlich vorherbestimmt sei. *Für so etwas wie freier Wille, Gewissen und Moral blieb da wenig Platz.* Dass das Christentum es im Zuge dieses Wandels schwer haben würde, war absehbar. In einem in sich abgeschlossenen Universum, in dem das Eingreifen Gottes in das Weltgeschehen weder möglich noch nötig ist, bedurfte es auch nicht seiner Offenbarung durch den Mensch gewordenen Logos, Jesus Christus, von dem es im Johannes-Evangelium heißt: „Am Anfang war das Wort (der Logos), und das Wort war bei Gott. Und das Wort ist Fleisch geworden und hat unter uns gewohnt."

Die revolutionären Erkenntnisse der Relativitäts- und Quantenphysik zu Beginn des 20. Jahrhunderts zeigten dann allerdings, dass Welt und Wirklichkeit anders beschaffen sind als bis dahin gedacht. *Nicht, weil irgendwelche Gesetze der Newton'schen Physik ihre Gültigkeit verloren hätten.* Schon gar nicht die Mathematik, deren Bedeutung eher zunahm. Sondern weil die moderne Physik, vor allem die Quantenphysik, *die Grundannahmen der bisherigen klassischen Physik widerlegten* und deren ideologisches Gedankengebäude zum Einsturz brachte, welches besagt: Alles im Universum könne auf die Bewegung von Masseteilchen reduziert werden. Das Universum gleiche in seiner Funktion einem Uhrwerk und die Natur einer Maschine. Alles sei auf der Basis ewig unveränderlicher Gesetze berechenbar. Die moderne Physik zeichnet inzwischen ein differenzierteres Bild der Wirklichkeit, wie die folgenden Kapitel zeigen werden.

II.

Den Geheimnissen des Universums
auf der Spur

Die geheimnisvolle Doppelnatur des Lichtes

Anders als im Falle der *klassischen Physik*, als dessen Begründer Isaac Newton gilt, hat die *Quantentheorie* mehrere Väter und bildet zusammen mit der Relativitätsphysik *Albert Einsteins* und den neuen Erkenntnissen der Kosmologie *(Urknall-Theorie) die moderne Physik.* Wir befassen uns in diesem Buch vorrangig mit dem Teilbereich *Quantenphysik*, weil deren Befunde nicht nur die klassische Physik ins Wanken gebracht hat, sondern auch das Verhältnis von Physik und Religion nachhaltig verändert hat.

Die Quantenphysik ist die fundamentalste und zugleich die erfolgreichste physikalische Theorie der gesamten Naturwissenschaft. Ihr verdanken sich fast 40 % der weltweit erzeugten Güter, vom Handy über den Computer bis hin zu den komplexen Geräten der modernen Medizin. Sie befasst sich mit der Welt des Allerkleinsten, den Atomen und Elementarteilchen. Als bewährter Einstieg in die Thematik bietet sich etwas an, das in der Physik über Jahrhunderte Studien- und Streitobjekt war: **Das Licht.**

Die umstrittene Frage war, ob das Licht den Charakter von Wellen hat oder aber aus kleinsten Teilchen besteht. Die **Wellentheorie** auf der eine Seite, die **Teilchen-Theorie** auf der anderen Seite. Die Auseinandersetzung darüber, welche der beiden Theorien die richtige sei, begann bereits zu Beginn des 17. Jahrhunderts, nachdem der niederländische Mathematiker *Willebrord Snellius* 1621 das bis heute gültige *Brechungsgesetz des Lichtes* entdeckt hatte, welches besagt, dass Licht sich in unterschiedlichen Medien mit unterschiedlicher Geschwindigkeit ausbreitet, in der Luft zum Beispiel anders als im Wasser.

Der bereits erwähnte französische Mathematiker und Philosoph **René Descartes** versuchte, dieses Phänomen durch die Annahme zu erklären, *dass Licht aus kleinen Partikeln* bestehe, die sich in gradliniger rascher Bewegung befinden. Aufbauend auf den Erkenntnissen des italienischen Mathematikers *Francesco Grimaldi* veröffentlichte der holländische Wissenschaftler **Christian Huygens** 1690 demgegenüber eine Abhandlung (>Traitès de la Lumière<), in der er die Lichtbrechung durch eine Wellentheorie glaubte erklären zu können. Zwischen ihm und **Isaak Newton** entbrannte daraufhin eine der berühmtesten Kontroversen über die Natur des Lichts. Wie zu erwarten, versteifte sich Newton darauf, dass Licht aus Partikeln bestehe, die sich im umgebenden Äther geradlinig fortbewegen. Um die Mitte des 19. Jahrhunderts konnte sich schließlich die Wellentheorie des Lichtes durchsetzen. Sie warf aber einige ungelöste Fragen auf.

Der Wellentheorie zufolge müsste jeder heiße Körper, neben den gewohnten Licht-und Wärmestrahlen, auch ultraviolette Strahlen bis hin zum kurzwelligsten Licht der Röntgenstrahlen aussenden, das, wie wir wissen, selbst unseren Körper durchdringen und auf dem Röntgenschirm Strukturen des Innern sichtbar macht.

Eine Lösung des Problems fand der Berliner Physik-Professor *Max Planck* kurz vor der Wende zum 20. Jahrhundert. Und zwar ging er davon aus, dass ein glühender Körper Atome nicht kontinuierlich aussendet, sondern in kleinen Energiepaketen, die er *Quanten* nannte und die von der Frequenz (Häufigkeit der Schwingungen) des Lichtes abhängen. Sein Versuch, das Phänomen zu mathematisieren, führte zu einer allgemein gültigen *physikalischen Konstante*, die Planck als *elementares Wirkungsquantum* bezeichnete, das den minimalen Wert von 6.6 mal 10 hoch minus 35 hat. Eine Zahl, die hinter dem Komma 35 Nullen hat! Eine wahrhaft nobelpreiswürdige Entdeckung. Planck wurde damit nicht nur Namensgeber, sondern auch Initiator einer völlig neuen Sparte der Physik, der *Quantenphysik.*

Ein Vierteljahrhundert später gelang zwei genialen Physikern, *Werner Heisenberg* und *Erwin Schrödinger*, auf unterschiedlichen Wegen eine Mathematisierung der Quantenphysik. In der Fachsprache als *Quantenmechanik* oder *Wellenmechanik* bezeichnet. Aber auch ohne Mathematik können wir uns einen Zugang verschaffen zu der Ideenwelt der Quantenphysik. Durch ein vergleichsweise einfaches, aber überaus verblüffendes Experiment, das inzwischen tausendfach in aller Welt durchgeführt wurde und von zentraler Bedeutung für das Verständnis der Quantenphysik ist.

Das rätselhafte Doppelspalt-Experiment

Im Jahre 2002 veranstaltete die englische physikalische Gesellschaft eine Umfrage unter 200 führenden Physikern nach dem schönsten Experiment aller Zeiten. Kriterien für die Entscheidung sollten sein: Anschaulichkeit und Nachvollziehbarkeit des Experiments sowie die Eignung, das Denken und Verhalten der Menschen zu verändern. Die meisten hatten erwartet, dass Newtons Experiment zum Nachweis der Gravitation oder Galileis berühmter Versuch zum freien Fall am Turm von Pisa auf dem ersten Platz landen würde, nicht aber das Experiment, das der Physiker **Claus Jönsson** 1961 durchführte und damit die Richtigkeit der Quantentheorie bewies.

Schematisch sieht der Versuchsaufbau wie folgt aus:

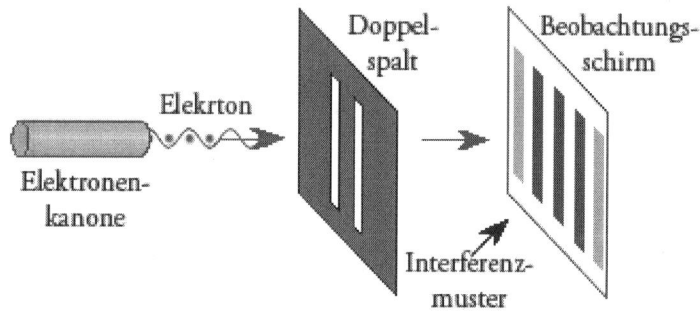

Links im Bild eine Elektronenquelle, die Elektronen einzeln oder auch als Strahl aussenden kann. In der Mitte eine Vorrichtung, die in der Fachsprache Gitter heißt und zwei Spalten aufweist. Dahinter ein Schirm als Detektor, auf dem das Auftreffmuster der Elektronen betrachtet werden kann. Elektronen sind, wie wir wissen, echte Elementarteilchen, die nicht weiter in kleinere Masseteilchen zerlegt werden können. Sie haben eine ganz bestimmte Masse, Ladung und einen Durchmesser, der kleiner ist als 10 hoch minus 18 Meter. Ein Bruch, der im Nenner eine Zahl mit 18 Nullen aufweist.

Werden Elektronen nur durch *einen* der beiden Spalte geschossen, dann können sie mit einem Geigerzähler gezählt werden und erscheinen auf einer fotografischen Platte am Schirm als mikroskopisch kleine schwarze Punkte und ergeben schematisch gesehen, ein Auftreffmuster von der Art, wie die folgende Abbildung zeigt:

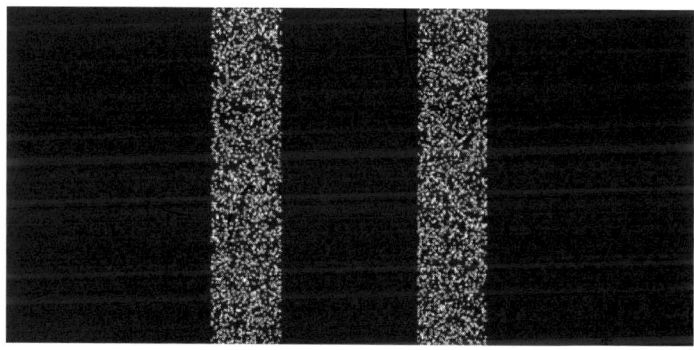

Werden nun in dem Experiment Elektronen in großer Anzahl *durch beide Spalten gleichzeitig* geschossen, wäre eigentlich zu erwarten, dass sie sich auf dem Schirm als zusammenwachsende Häufchen abzeichnen, wie etwa die Körnchen einer Sanduhr.

In tausendfach durchgeführten Experimenten erscheinen verblüffenderweise aber keine Häufchenmuster, sondern Streifenmuster wie auf der nachfolgenden Abbildung.

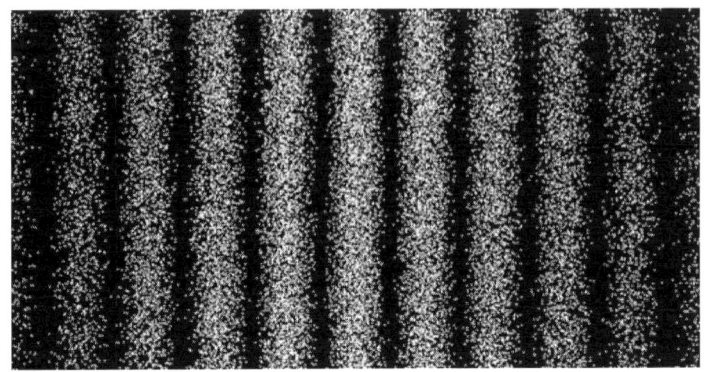

Es erscheint ein Muster, wie es bei der Überlagerung (Beugung) von Wellen entsteht. Zum Beispiel von Wasserwellen, die sich bei Überlagerung entweder auslöschen (dunkle Stellen) oder aber verstärken (helle Stellen). Mit diesem Experiment bewies schon 1802 der englische Physiker *Thomas Young (1773-1829)* den Wellencharakter des Lichtes nach. In unserem Falle werden aber nicht Licht, sondern Elektronen durch den Doppelspalt geschickt. Und siehe da, das *Beugungsdiagramm* entspricht im Wesentlichen dem der Überlagerung von Lichtwellen. Was überhaupt nicht zu erwarten war, da Elektronen kleinste, unteilbare *Masseteilchen* sind, die nach der klassischen Physik *prinzipiell nicht als Wellen* in Erscheinung treten können. Elektronen scheinen sich ähnlich paradox zu verhalten wie das Licht.

Die Paradoxie dieses Phänomens geht aber noch weiter. Um dieser Erscheinung auf die Spur zu kommen, haben Physiker in aller Welt komplizierte Versuchsanordnungen ersonnen, deren Ziel es ist, den Weg der ausgesandten Elektronen zu verfolgen und herauszufinden, wie der geheimnisvolle Wandel vom Teilchen zur Welle vonstatten gehen könnte. Das Ergebnis dieser Doppelspalt-Experimente war und ist immer das Gleiche: „Ein Elektron verhält sich wie ein Teilchen, sobald man – bildlich gesprochen – nachschaut, durch welchen Spalt es geschlüpft ist. Man kann dann mit absoluter Sicherheit sagen, dass das Elektron nur durch *einen* Spalt gegangen ist und *nicht durch beide gleichzeitig.* Beobachtet man es hingegen nicht, dann verhält es sich wie eine Welle, die durch beide Spalten gleichzeitig gelaufen ist" (Dirk Schneider, S. 54).

Mathematisch betrachtet existiert das Elektron *vor* seiner Beobachtung nur in einer Art Überlagerung von Möglichkeiten. Es kann durch den linken oder den rechten Spalt gehen oder durch gar keinen. Physiker bezeichnen diesen *Überlagerungszustand* mit dem Wort **Superposition,** in dem alle Optionen gleichzeitig bestehen, *bevor* das Elektron beobachtet wird. Im Moment der Beobachtung verschwindet die Welle von Wahrscheinlichkeiten – Physiker sprechen von *Wahrscheinlichkeitswellen oder auch* **Quantenwellen** – und tritt an einer ganz bestimmten Stelle im Raum als Teilchen in Erscheinung.

Durch den Akt der Beobachtung *bricht die Wellenfunktion zusammen,* sie erfährt einen **Kollaps,** d. h., *sie zieht sich abrupt auf die Form eines einzigen Zustandes zusammen.* „Man kann daher sagen, dass Elementarteilchen wie Elektronen oder Photonen nicht richtig wirklich sind, wenn sie nicht beobachtet werden, sondern *dass die* **Wirklichkeit durch die Beobachtung erschaffen** *wird*" (L. Schäfer, S. 53). Oder mit den Worten des großen Quantenphysikers *Werner Heisenberg* gesagt: „Die Wahrscheinlichkeitswelle (Quantenwelle) ist etwas, das in der Mitte zwischen der Idee von einem Ereignis und dem wirklichen Ereignis steht" (*Heisenberg, Physics and Philosophy, S. 41*).

Oder wie Heisenberg bei anderer Gelegenheit es formulierte: *„Das Elektron existiert als wirkliches Ding nur, wenn es gemessen wird. Ansonsten ist es nur eine Möglichkeit, ein Ding zu werden."* Unsere Beobachtung schafft erst Dinge und Realität, die ohne sie so nicht da sind. Neben dieser Realität gibt es offensichtlich eine Wirklichkeit, die unseren Sinnesorganen nicht zugänglich ist: die Welt der Quanten, die Quantenwirklichkeit. **Quantenwellen transportieren weder Masse noch Energie.** Sie sind dimensionslose Zahlen und deshalb *nichtmateriell.* **Sie bilden den nichtmateriellen Urgrund allen Seins.**

Ort- und Zeitlosigkeit der Quanten

Als wäre es nicht genug, dass den Quantenwellen nichtmaterielle Eigenschaften zugeschrieben werden müssen, gibt es noch weitere verblüffende Befunde in der modernen Physik. Nämlich *die Ort- und Zeitlosigkeit von Quanten.*

Lokalität bedeutet in der klassischen Physik, dass Teilchen *nicht schneller als mit Lichtgeschwindigkeit* miteinander kommunizieren können und ist eine Grundannahme der Einstein'-schen Relativitätsphysik, der zufolge kein Signal sich schneller als mit 300.000 km pro Sekunde fortbewegen kann.

Demgegenüber können Quantensysteme einander *ohne Zeitverzug* in einem Augenblick und *über beliebig weite Entfernungen* im Raum beeinflussen. Physiker sprechen dann von **Nichtlokalität** . Einstein pflegte von einer „spukhaften Fernwirkung" zu sprechen und ersann sein Leben lang immer neue Experimente, um die neue Physik zu widerlegen. Es konnte nicht sein, was nach der Relativitätstheorie nicht sein durfte: Eine Geschwindigkeit, die größer ist als die Lichtgeschwindigkeit. Trotz allen Bemühens selbst größter Geister: Die Quantenphysik stellte sich immer wieder als richtig heraus.

Zum Nachweis der **zeitlichen Nichtlokalität** von Quanten hat der amerikanische Physiker *John Wheeler* ein bahnbrechendes Experiment durchgeführt. Die Physiker trieb, wie Einstein auch, die Frage um, wie es möglich ist, dass ein Elementarteilchen (Elektron, Photon) sich entweder als Welle oder als Teilchen zu erkennen gibt. Wheeler hatte die Idee, ein Lichtteilchen gleichsam zu überlisten, indem er dieses eine sehr weite Strecke zurücklegen ließ und in der Zwischenzeit, während das Photon noch unterwegs war und *seine Entscheidung (ob Welle oder Teilchen) getroffen haben musste,* den Versuchsaufbau auf elektronischem Wege schlagartig zu verändern, in einer Billionstel Sekunde!

Bei dieser Art von Doppelspaltexperiment kann das einzelne Photon (Lichtteilchen) zwei Wege verfolgen. Verhält es sich wie eine Welle, durchläuft es beide Spalten der Versuchsanordnung. Verhält es sich wie ein Teilchen, dann muss es sich entscheiden, welchen der beiden Wege es nimmt. Wheelers Experiment zeigte auf verblüffende Weise, dass die Entscheidung, ob das Photon Wellen- oder Teilchencharakter zeigt, getroffen werden kann, *nachdem* es die Wege bereits durchlaufen hat. Durch das **Experiment der verzögerten Entscheidung** wird also *rückwirkend* die Vergangenheit des Lichtes verändert, korrigiert. Das bedeutet, dass für die Photonen des Lichtes zeitliche Distanzen keine Rolle spielen. Vielmehr hat das Photon die Fähigkeit, in die Vergangenheit hineinzuwirken und *sich* *rückwirkend in eine Welle oder ein Teilchen zu verwandeln.* Gegenwart, Vergangenheit und Zukunft sind nicht getrennt, sie fallen in Eins zusammen. **Das Licht befindet sich offensichtlich in einem Zustand der zeitlosen Ewigkeit.** Theologen und Mystiker gleich welcher Religion, die von alters her im Licht ein Gleichnis für Gott sahen, können sich bestätigt fühlen.

Neben der zeitlichen Nichtlokalität hat die moderne Physik auch eine *räumliche Nichtlokalität* entdeckt. Sie besagt, dass Quantensysteme einander ohne zeitliche Verzögerung über beliebig große Entfernungen im Raum beeinflussen können. Auch diese Erkenntnis beruht auf vielfach durchgeführten Experimenten. Entsprechende Versuche werden aber nicht mit Lichtteilchen (Photonen) durchgeführt, sondern mit Elektronen, den nicht teilbaren Elementarteilchen der Materie. Anders als von der klassischen Physik gedacht, kreisen sie nicht wie Planeten um den Atomkern, sondern bilden eine Art stehender Welle um diesen herum. Durch geeignete Manipulationen können sie aus dem Atom gleichsam herausgeschossen und isoliert werden. In diesem Zustand existieren sie in einer Kreiselbewegung, einem *Spin,* wie die Physiker diesen *Eigendrehimpuls* bezeichnen.

Die Physiker *David Bohm* 1951 und *Alain Aspect* 1982 untersuchten experimentell das Verhalten von isolierten Quantenpaaren. Aufgrund des Erhaltungssatzes der Energie stellt sich bei Festlegung des Spins des einen Teilchens im Uhrzeigersinn automatisch eine Drehbewegung des zweiten Teilchens im Gegenuhrzeigersinn ein, so dass der Gesamtspin der beiden gleich Null ist. Die Richtung der Drehbewegung wird aber erst durch das Experiment festgelegt.

Das verblüffende Ergebnis dieser Versuche war, dass bei Festlegung des Spins des einen Teilchens das andere sich *augenblicklich* in die Gegenrichtung dreht, und zwar *unabhängig von der Entfernung der beiden Teilchen von einander!* Physiker bezeichnen dieses Phänomen als **Verschränkung von Quantenteilchen.** Eine derartige Verschränkung steht in krassem Widerspruch zur Einstein'schen Relativitätstheorie, der zufolge es keine größere Geschwindigkeit als die des Lichtes gibt. Denn die Verschränkung erfolgt auch bei denkbar größten Entfernungen stets *ohne zeitlichen Verzug,* also mit **Supralichtgeschwindigkeit.** Damit war bewiesen, dass es nicht nur eine *zeitliche* Nichtlokalität, sondern auch eine *räumliche* Nichtlokalität gibt. Quantenobjekte verhalten sich so, als gäbe es keine räumlichen Entfernungen.

Gegner dieser „spukhaften Fernwirkung", unter anderem der Mitbegründer der Quantentheorie *Albert Einstein,* vermuteten zunächst, dass durch verborgene Parameter die Eigenschaften der Teilchen schon vorher festgelegt sein könnten und den Wissenschaftlern nur noch nicht bekannt sind. Bis der geniale irische Physiker *John Bell* durch ein ausgeklügeltes Experiment – Messung nicht des Spins, sondern der Schwingungsebene der untersuchten Teilchen – diese Annahme widerlegte. Dieser Versuch ist als *Bellsches Theorem* oder auch **Bellsche Ungleichung** in die Geschichte der Quantenphysik eingegangen. Bell folgerte aus seinen Erkenntnissen, **dass die Natur selbst nicht-lokal ist,** sofern die Aussagen der Quantenmechanik richtig sind. Was inzwischen eindeutig erwiesen ist.

Der Physiker starb 1990 mit 61 Jahren in Genf an einer Gehirnblutung, kurz nachdem er für den Nobelpreis nominiert worden war. Die Annahme Bells, die Nichtlokalität von Elementarteilchen betreffend, werden wir an anderer Stelle noch einmal aufgreifen.

Das Pauli-Prinzip der Teilchenphysik

Als wären die bisher dargelegten Erkenntnisse nicht absonderlich genug, kommt noch eine weitere, in der Teilchenphysik fundamental wichtige Besonderheit hinzu: Das sogenannte *Pauli-Prinzip*. Es besagt, „dass ein Elektron einen Zustand in einem Atom oder einem Molekül meiden muss, der bereits von anderen Elektronen besetzt ist" (Schäfer, S. 62). Die auf diese Weise begrenzte Kapazität von Atomen oder Molekülen, Elektronen aufzunehmen, ist die Voraussetzung für das Periodensystem der chemischen Elemente und damit *die Grundlage der gesamten Chemie*; letztlich für die gesamte sichtbare Ordnung des Universums und für die Existenz von Leben auf unserer Erde. „Der verblüffende Aspekt dieses Phänomens liegt darin, dass wir keine mechanische Kraft kennen, die dieses Verhalten von Elektronen erzwingt. *Besetztzustandsvermeidung* ist nicht das Resultat elektrostatischer Abstoßung oder ähnlicher Ursachen, sondern wird einzig und allein durch die Symmetrie der Wahrscheinlichkeitsfunktionen hervorgerufen. *Ein geistiges Prinzip* – die Symmetrie von fast-nichts, von etwas Nicht-Greifbarem, nämlich von leeren (materielosen) Wahrscheinlichkeitswellen – *bestimmt die sichtbare Ordnung des Universums*" (ibd.). Ähnlich äußerte sich der deutsch-amerikanische Physiker *Henry Margenau: „Es hat etwas quasi-geistiges, nicht physisches an sich, ... dass ein Elektron weiß, was die anderen tun.* Die erstaunliche Tatsache ist, dass wir keinen physikalischen Einfluss kennen, der die Vermeidung eines Atomzustandes durch ein Elektron bewirkt, der schon durch ein anderes Elektron besetzt ist" (Margnau, Open Vistas, 1983).

Die Heisenbergsche Unschärferelation

Ausgehend von der Newtonschen Physik glaubte man über lange Zeit, Atome seien so etwas wie kleine Sonnensysteme, in denen winzige Elektronen, dem Sonnensystem vergleichbar, wie Planeten um einen großen Kern kreisen. Wer gäbe nicht zu, dass er von seinem Schulwissen her noch heute diese Vorstellung hat. Physiker aber wussten schon vor den Erkenntnissen der Quantenphysik, dass das so nicht funktionieren kann, weil Elektronen eine elektrische Ladung besitzen, die sie beim Kreisen um den Atomkern als Strahlung abgeben. Das war bekannt und gab Rätsel auf. Der Energieverlust müsste dazu führen, dass ein Elektron *binnen einer Milliardstel Sekunde* vom Atomkern gleichsam aufgesogen würde wie Massen von einem Schwarzen Loch. Erst durch die Quantenmechanik wurde die Lösung des Problems gefunden und führte im atomaren Bereich zu einer radikal neuen Sicht der Natur.

Wie oben bereits erwähnt, fand der Physiker *Werner Heisenberg* heraus, dass sich Ort und Impuls (= Masse mal Geschwindigkeit) eines Objektes nicht beide zugleich exakt messen lassen. Je genauer die eine Größe bestimmt wird, desto ungenauer wird die andere. Sie verhalten sich reziprok, d. h. umgekehrt proportional zueinander. Die Genauigkeitsgrenze hat zwar nur den winzigen Wert von h = 6,6 mal 10 hoch minus 35. Diese von Planck als *Wirkungsquantum* bezeichnete Größe h ist ein allgemein gültiges fundamentales Naturgesetz. Makroskopisch gesehen ist diese Zahl bedeutungslos, für atomare Maßstäbe aber riesengroß und folgenreich; denn sie zertrümmerte das überkommene Bild der Realität, dem zufolge alles bis ins letzte Detail berechenbar sei, sofern nur die erforderlichen Parameter zur Verfügung stünden.

Die Erkenntnisse der Quantenphysik kamen jedoch zu einem ganz anderen Ergebnis: Alle physikalischen Aussagen sind nur Wahrscheinlichkeitsaussagen. *„Der Zufall ist fundamental in der Natur verankert"* (M. Grün). Die jahrzehntelange Suche Albert Einsteins nach verborgenen Variablen zur Rettung der Newtonschen Physik konnte 1983 experimentell widerlegt werden: Die schon erwähnte *Bell'sche Ungleichung*, nach welcher derartige Variablen denkbar erschienen, konnte mit verfeinerten Experimenten überprüft und widerlegt werden. Einstein hatte mit seiner Aussage „Gott würfelt nicht" Unrecht. Der Zufall spielt im physikalischen Geschehen vielmehr eine entscheidende Rolle, etwa beim radioaktiven Zerfall. Für uns Erdenbewohner vor allem im sogenannten **Tunneleffekt**. Ihm ist es zu verdanken, dass die Sonne uns mehr Energie zukommen lässt, als nach den Temperaturen in ihrem Innern zu erwarten wäre. Ohne diesen Effekt hätte sich auf der Erde mangels ausreichender Wärme niemals Leben entwickeln können. Hier wie in anderen Fällen auch stellt sich die Frage, wer oder was dosiert den Tunneleffekt so, dass die Erde weder zu Eis erstarrt noch eine glutheiße Wüste ohne einen Tropfen Wasser ist. Da wundert es einen schon, warum wir in der Klimadebatte so sehr auf die CO_2-Emission fixiert sind und den Einfluss der Sonne als Energielieferant, ebenso wie andere physikalische Prozesse auch, in der öffentlichen Diskussion weitgehend außer acht lassen. Und nicht bedenken, dass wir nach einer kleinen Eiszeit seit etwa 1000 n. Chr. nun offenbar am Beginn einer Warmzeit stehen. Vor dieser sog. Kleinen Eiszeit, zur Zeit der Wikinger, weideten auf Grönland noch Kühe und wurde Getreide angebaut! Daher dänisch Grönland, grünes Land, genannt.

Aber zurück zum eigentlichen Thema. Heisenberg erkannte sehr bald die weitreichenden Konsequenzen seiner Erkenntnisse. Das in der klassischen Physik gültige Prinzip von Ursache und Wirkung verlor seine naturgesetzliche Gültigkeit. Im atomaren Maßstab treten an die Stelle des Newtonschen Kausalitätsprinzips *Zufall und Wahrscheinlichkeit*. „An der scharfen Formulierung des Kausalgesetzes: wenn wir die Gegenwart kennen, können wir die Zukunft berechnen, ist nicht der Nachsatz falsch, sondern die Voraussetzung", schrieb Heisenberg 1927 in der „Zeitschrift für Physik", in der er seine Theorie erstmals veröffentlichte. Wie das Kausalgesetz war auch der damit verbundene strenge *Determinismus* nicht mehr zu halten, der alles für berechenbar hält, sofern die Anfangsbedingungen hinreichend bekannt sind. Die Heisenbergsche Unschärferelation besagt nämlich, dass man niemals alle Anfangsbedingungen genau messen kann. Nicht mangels geeigneter Messinstrumente, sondern aufgrund eines fundamentalen Naturgesetzes. Über die weltanschaulichen Auswirkungen dieser Erkenntnis wird an anderer Stelle noch zu reden sein. Ergänzend sei noch gesagt, dass die Heisenbergsche Unbestimmtheitsrelation (Unschärferelation) nicht nur für *Ort* und *Impuls* eines Teilchens Geltung besitzt, sondern ebenso für die Werte von *Energie und Zeit* und andere Messgrößenpaare der Teilchenphysik

III.

Das Weltbild der modernen Physik

Der Abschied vom philosophischen Vermächtnis der klassischen Physik

Die auf falschen Grundannahmen beruhende klassische Physik brachte eine materialistische Philosophie hervor, welche besagt, dass die Grundlage alles Realen die träge Materie sei. Sie wird deshalb als *materialistischer Realismus* bezeichnet. Ihm zufolge ist selbst das Bewusstsein lediglich ein Produkt der Gehirnchemie. Wobei allerdings niemand sagen kann, wie das möglich sein soll. Außer der Materie und der auf sie einwirkenden Kräfte, so heißt es, gäbe es nichts anderes.

Jacques Monod, der Nobelpreisträger für Medizin von 1965, schrieb 1972 in seinem Buch *„Zufall und Notwendigkeit"* die berühmten Sätze: „Wenn der Mensch die Botschaft der Wissenschaft in ihrer völligen Bedeutung anerkennt, dann muss er endlich aus seinem jahrtausendealten Traum erwachen und seine völlige Einsamkeit und fundamentale Isolierung entdecken. Er muss begreifern, dass er wie ein Zigeuner am Rande einer fremden Welt lebt; einer Welt, die taub ist für seine Musik und die seinen Hoffnungen genauso gleichgültig gegenübersteht wie seinen Leiden und seinen Verbrechen" (a.a.O. S. 160).

Rund zwanzig Jahre später fand *Francis Crick*, englischer Physiker, Molekularbiologe und Nobelpreisträger für Medizin von 1962, dass die Zeit reif sei, das Rätsel des menschlichen Geistes wissenschaftlich in Angriff zu nehmen: „Die Menschen, ihre Freuden und Leiden, ihre Ziele, ihr Sinn für ihre eigene Identität und Willensfreiheit – bei alldem handelt es sich in Wirklichkeit nur um das Verhalten einer riesigen Ansammlung von Nervenzellen und der dazugehörigen Moleküle ... Sie sind nichts weiter als Neuronen", schrieb er in seinem 1994 erschienenen Buch „*Was die Seele wirklich ist*".

Es ist schon seltsam, dass Autoren wie *Richard Dawkins, Christopher Hitchens* und andere Vertreter dieser materialistischen Philosophie, die besonders lautstark dieses düstere Weltbild verbreiten, es mit erstaunlichem Vergnügen tun. Wahrscheinlich in der Hoffnung, dass man ihnen ebenso entschieden widerspricht. Am wirkungsvollsten dadurch, dass man ihnen das Weltbild der modernen Physik entgegenstellt, das im Gegensatz zu deren Vorstellungen die Erkenntnisse der Quantenphysik berücksichtigt. Genau darum geht es im Folgenden, nachdem vorstehend die Grundprinzipien der klassischen Physik widerlegt wurden und damit der Philosophie des naiven mechanistischen Materialismus der Boden entzogen ist.

Im Unterschied zur klassischen Physik, deren Grundannahmen *metaphysisch*, d. h. *keiner weiteren Begründung mehr fähig sind*, weisen **die Prinzipien der modernen Physik** eine **experimentelle Grundlage** auf, was von einer wissenschaftlich gültigen Aussage auch zu erwarten ist. Insbesondere von Aussagen wie diesen:

> *Die Grundlagen der materiellen Welt sind nichtmateriell.*

> *Die Natur der Wirklichkeit ist nichtlokal*, d. h. es existiert eine ***unverzögerte Fernwirkung*** *sowohl in räumlicher wie auch in zeitlicher Hinsicht.*

> *Der Hintergrund des Universums ist bewusstseinsähnlich.* Quantenobjekte können wie ein Bewusstsein auf die Eingabe von Informationen reagieren (Schäfer, S. 14).

Geist und Bewusstsein als Grundlage allen Seins

Nach Jahrhunderten einer materialistisch-mechanistischen Weltsicht, die geistige Prinzipien im natürlichen Geschehen leugnete, erleben wir inzwischen einen bemerkenswerten Wandel. Namhafte Naturwissenschaftler bekennen sich unter dem Eindruck quantenphysikalischer Erkenntnisse zu einer *Wirklichkeit, die bewusstseinsartige Eigenschaften* hat.

Im Grunde ist das nichts wirklich Neues; denn die abendländische Geistesgeschichte ist geprägt von Bekenntnissen zu Geist oder Bewusstsein als eigentliche Grundlage der Wirklichkeit. Und die Entstehung des Universums durch einen Bewusstseinsakt ist grundlegender Glaubensinhalt aller Religionen.

Im griechischen Altertum war **Anaxagoras** (498-426 v. Chr.) der Erste, für den das *„Nous"* (Geist oder Vernunft) die eigentliche Wirkursache des Kosmos ist. Für diese Vorstellung von der Natur wurde er vom Scherbengericht in die Verbannung geschickt.

Zur Veranschaulichung seiner Vorstellung, dass die ewige Wahrheit im Bereich unveränderlicher Ideen liegt, hat **Platon**

(427-347 v. Chr.) sein berühmtes *Höhlengleichnis* verfasst. Darin sitzen Menschen in einer Höhle und schauen, ohne sich umdrehen zu können, auf eine Wand, auf die von außen das Universum projiziert wird. Sie sehen nur Schattenbilder und halten diese für die Realität. In Wirklichkeit liegt die Realität hinter ihnen und gehört zu einer transzendenten Welt, deren archetypische Formen durch das Licht an die Höhlenwand projiziert werden. In Wahrheit ist Licht die einzige Realität, da alles, was wir sehen, Licht ist. Was in Platons Höhlengleichnis das Licht darstellt, ist aus quantenphysikalischer Sicht das *Bewusstsein*.

Ähnliche Vorstellungen gibt es auch in vielen anderen Kulturen. Etwa in den religiösen Schriften Indiens und in der buddhistischen Philosophie. Im Judentum und Christentum gehören Ewigkeit, Himmel und Hölle als Begriffe für transzendente und immanente Welten zum alltäglichen Sprachgebrauch. Theologisch betrachtet ist der dreieine Gott als Herrscher über Himmel und Erde allem Seienden als Urgrund immanent, d. h. innewohnend und allgegenwärtig. Eine Immanenz, die schon der *heilige **Dionysos**, von Paulus bekehrt und erster Bischof von Athen, als *Bewusstsein* deutete. „Es (das Bewusstsein) ist in unserem Geist, in unserer Seele und in unserem Körper. Es ist im Himmel wie auf Erden. Und doch bleibt es sich selbst immer gleich. Es ist in und über der Welt und gleichzeitig rundherum. Es geht über den Himmel hinaus, wie überhaupt über alles Seiende. Es ist alles, was existiert, Sonne, Gestirn, Feuer, Wasser, Wind, Tau, Wolke, Fels, Stein" (Zitiert nach A. Goswami, S. 76).

Fortsetzung der antiken Tradition

Die Liste von Autoren, die sich über die Jahrhunderte europäischer Geschichte zu dieser Weltsicht bekannten, ist lang. Namen wie Augustinus, Descartes und Kant gehören dazu. Immer war es *die Idee eines kosmischen Geistes*, die aus der Betrachtung der Dinge hervorging. Unabhängig von irgendwelchen messbaren physikalischen Erkenntnissen.

Wenig erstaunlich ist, dass diese Tradition seit etwa der Mitte des letzten Jahrhunderts, und verstärkt seit der Jahrtausendwende, ihre Fortsetzung in den Reihen renommierter Physiker findet, die den Vorteil haben, ihre Erkenntnisse aus messbaren Befunden herzuleiten.

Schon 1932 wies der Mathematiker *John von Neumann* darauf hin, dass die *Quantenphysik ohne Bewusstsein keine Messergebnisse* liefert. „Die Verbindung zwischen Quantenmechanik und Bewusstsein ist seither die quälende, lästige Leiche im Keller der Physik, bei der man am besten so tut, als spiele sie keine Rolle. Doch neue Experimente haben die Kellertür aufgestoßen", schreibt der angesehene deutsch-amerikanische Astrophysiker *Bernard Haisch* in seinem 2015 erschienenem Buch *„Die verborgene Intelligenz im Universum"* (a.a.O. S. 11). Die Quantentheorie besagt, dass ein Objekt sich erst durch den Akt der Beobachtung vom Wellenzustand in ein Teilchen an einem bestimmten Ort verwandelt, also zu Materie wird, was inzwischen durch Laborversuche vielfach bestätigt wurde. Es ist so, als wüsste das Teilchen genau, dass es beobachtet wird. Und da alles aus Atomen besteht, Leben ebenso wie tote Materie, unterliegt es prinzipiell den Quantengesetzen. „Wenn Bewusstsein im Kern der Quantenphysik liegt, und das tut es, dann liegt es allem zugrunde", sagt *Haisch*. Er stützt sich dabei auf die Erkenntnisse und Aussagen, die u. a. der Quantenphysiker *Amit Goswami* und seine Mitarbeiter schon 1993 gemacht haben: **„Bewusstsein, nicht Materie ist die Grundlage allen Seins"** und *„dass Bewusstsein außerhalb der Raumzeit alles durchdringt".*

Drei Jahre zuvor hatten die Physiker *Kafatos* und *Nadeau* in ihrem Buch „*The Conscious Universe*" bereits gefolgert, dass die Nichtlokalität der Quantenphänomene *die Annahme eines **Universums als einer Ganzheit unabhängig von der Raumzeit** erlauben* (Schäfer, S. 55, 120 ff.). Womit sie sich in krassen Gegensatz zu den Grundannahmen der klassischen Physik stellen.

Von der Ganzheit des Raumes und der Ganzheit der Zeit, *deren Nichtlokalität experimentell beweisbar ist,* schließen die beiden Autoren logischerweise auf die Ganzheit des Raumes insgesamt und somit auf *„die Existenz einer ungeteilten Ganzheit im Kosmos" (Schäfer, S. 165).*

„Über diese Wirklichkeit können wir nur sagen, dass sie ein unteilbares Ganzes zu sein scheint, dessen Existenz ‚vermutet' wird, wo eine Wechselwirkung mit einem Beobachter oder mit Messinstrumenten stattfindet; und weiterhin, das sie außerhalb oder jenseits der Raumzeit zu existieren scheint" (Kafatos und Nadeau, S. 9).

Wenn das Universum also eine Ganzheit ist, so schlussfolgern die Autoren weiter, dann sind auch wir Menschen und unser Bewusstsein ein Teil dieses Ganzen. Und da unser Bewusstsein aus einem Ganzen hervorgegangen ist, kann man folgern, ***dass das Universum selbst eine Art von Bewusstsein hat*** (Kafatos und Nadeau 1990).

Quantenphänomene führen letztlich also zur Annahme der Existenz eines **kosmischen Logos**. Da Quantenphänomene zeitlich und räumlich nichtlokal sind, d. h. sich in einem Zustand der Raum- und Zeitlosigkeit befinden, lassen sie den Schluss zu, dass ein kosmisches Bewusstsein nicht nur jetzt, sondern schon immer an den Vorgängen im Universums beteiligt war (Schäfer, S. 60).

Quantenobjekte reagieren auf Informtionen

Bei den oben beschriebenen Elektronenbeugungsexperimenten sahen wir, dass sich Interferenzmuster (sich überlagernde Wellen) nur dann bildeten, wenn man nichts über die Flugbahnen der Elektronen *weiß*. Während gewöhnliche Dinge nur auf das reagieren, was man mit ihnen *macht, wozu* stets die Übertragung von Energie erforderlich ist. Quantensysteme hingegen reagieren in sichtbarer Weise auf Informationen *ohne physikalischen Eingriff*. Sie legen ein bewusstseinsähnliches Verhalten an den Tag. Informationen haben im Quantenbereich offensichtlich die Fähigkeit, physikalische Erscheinungen ursächlich zu beeinflussen. Der Quantenphysiker *J. C. Polkinghorne* („The Quantum World", S. 66) bezeichnet dieses Phänomen als *„Kausalität durch aktive Information"*, während sein Kollege *J. Horgan* von *„Information anstelle von Intervention"* spricht. Was beides auf das Gleiche hinausläuft.

Lothar Schäfer kommentiert diese Aussagen mit folgenden Worten: „In der normalen Wirklichkeit ist die Fähigkeit, auf die Eingabe von Informationen zu reagieren, das Privileg eines Bewusstseins. Folglich entdeckt man an der Wurzel der materiellen

Wirklichkeit Wesenheiten mit bewusstseinsartigen Eigenschaften und ein nichtmaterielles, nichtenergetisches Prinzip – *Information* – als effektive Wirkursache" (a.a.O. S. 61).

Einer der führenden amerikanischen Wissenschaftler auf dem Gebiet der theoretischen Physik, *John A. Wheeler*, schrieb 1998: **„*Information sitzt im Kern der Physik*** genauso wie sie im Kern eines Computers sitzt. ... Information ist vielleicht nicht nur das, was wir von der Wirklichkeit erfahren. Es mag sehr wohl auch das sein, was die Welt erschaffen hat." (*Wheeler:* Geons, Black Wholes and Quantum Foam, S. 340.) Wir fügen vorgreifend schon mal hinzu: Was die Welt nicht nur erschaffen hat, sondern auch beständig im Dasein hält.

Der Begründer der Kybernetik, *Norbert Wiener*, sah sich schon 1961 zu folgender Klarstellung veranlasst: **„*Information ist Information, nicht Materie oder Energie.*** Kein Materialismus, der dies nicht zugibt, kann heutzutage noch überleben ... Weder scheidet das mechanische Gehirn Gedanken aus, wie die Leber die Galle ausscheidet, wie die älteren Materialisten behauptet haben, noch gibt es Gedanken in Form von Energie aus, so wie ein Muskel seine Leistung ausgibt" (*N. Wiener*, Cybernetics, S. 123).

Man wird einwenden, dass nur ein sich selbst bewusster Geist auf Informationen reagieren kann. Natürlich haben Elektronen keine Psyche und ihre „mind-like properties" (bewusstseinsähnliche Eigenschaften) dürfen nicht mit psychischen Fähigkeiten verwechselt werden. Sie reagieren aber auf Eingabe von Informationen, wenn auch nur mechanisch und nicht zielgerichtet. „Wir werden uns aber wegen der rudimentär bewusstseinsartigen Eigenschaften elementarer

Systeme trotzdem daran gewöhnen müssen, dass bewusstseins-
artige Aspekte, Zustände und Reaktionen auch ohne Bezug auf
Lebewesen wirklich sein können. Genauso, wie ein kosmisches
Bewusstsein ohne einen menschlichen Körper gedacht werden
kann." So lautet das Resümee des Professors für physikalische
Chemie an der Universität von Arkansas, *Lothar Schäfer*.

Bereits in der Frühzeit der Quantenphysik, 1931, fasste der englische Astrophysiker und Mathematiker *Sir James Jeans (1877-
1946)* seine Erkenntnisse in folgenden Worten zusammen:

*„Man kann sich das Universum am besten als aus einem reinen
Gedanken bestehend vorstellen, wobei wir den Gedanken, mangels
eines umfassenden Wortes, als den eines mathematischen Denkers
beschreiben müssen. ... Das Universum sieht immer mehr wie ein
großer Gedanke aus als wie eine große Maschine. Geist erscheint
nicht mehr wie ein zufälliger Eindringling in das Reich der Materie, sondern wir fangen an, den Verdacht zu schöpfen, dass der
Geist Schöpfer und Herrscher im Reich der Materie ist – natürlich
nicht unser eigener Geist, sondern der, in dem die Atome als Gedanken existieren, aus denen unser eigenes Bewusstsein gewachsen
ist. ... Wir entdecken, dass das Universum Hinweise auf eine pla-
nende und kontrollierende Kraft offenbart, die etwas mit unserem
individuellen Geist gemein hat"* (Jeans, S. 146, 158).

Glaube und Wissen ergänzen sich

Die sichtbare Ordnung des Universums wird also durch **ein
geistiges Prinzip** *bestimmt, das* **bewusstseinsähnliche Eigenschaften** hat und **informationsempfindlich ist.** Information

als Wirkursache und aktiver Faktor in den Prozessen der Wirklichkeit. Verborgen in der unsichtbaren Quantenwirklichkeit, die sich lediglich in ihren Auswirkungen zu erkennen gibt.

Mittelalterliche Theologen um *Thomas von Aquin* sprachen von einer *„secunda causa"*, einer Art indirektem Ursachenprinzip, hinter dem sich Gott verbirgt, um den großen Gedanken seiner Schöpfung ins Werk zu setzen. Und um letztlich Wesen hervorzubringen, die *in Freiheit, ohne von der Gewalt seiner Allmacht erdrückt zu werden*, hinter allem das wunderbare Werk seiner Hände bestaunen können. Sofern sie die Demut aufbringen, es zu wollen!

Wie schon die Philosophen seit dem Altertum in gedanklicher Betrachtung der Dinge auf ein geistiges Ursachenprinzip schlossen, so auch christliche Theologen, unabhängig vom jüdisch-christlichen Offenbarungswissen, auf rein intellektueller Grundlage.

Aufgrund der Erkenntnisse der modernen Physik liegt die Vermutung nahe, dass **die secunda causa** (Zweitursache) jene geheimnisvolle, **unsichtbare Quantenstruktur des Universums ist**, die sich in ihren *Auswirkungen* aber experimentell nachweisen lässt.

Platon und dessen Schüler *Aristoteles* – und auf deren Gedanken aufbauend – *Thomas von Aquin*, können sich bestätigt fühlen. Thomas betonte einerseits den Unterschied zwischen Glauben und Wissen, der durch die Andersartigkeit von Gegenstand, Prinzipien und Methoden begründet ist. Anderseits verwies er auf *das organische Zusammenwirken beider*. Was von der klassischen Physik weit von sich gewiesen wurde, wird durch die Erkenntnisse der modernen Physik eindrucksvoll bestätigt. Thomas sprach auch von einer *Teilhabe alles innerweltlich Seienden am göttlichen Sein.* Quantenphysiker wie Goswami, Kafatos, Nadeau u. a. sprechen von *einem **außerhalb von Raum und Zeit ausgebreiteten allgegenwärtigen Bewusstsein**, an dem das menschliche Bewusstsein Anteil hat.* Das zeigt, wie sehr sich Glaube und Wissen inzwischen ergänzen und Wissenschaft und Religion sich einander genähert haben. In einem Maße, wie man es zu Beginn des letzten Jahrhunderts vor dem Hintergrund der klassischen Newton'schen Physik und der Evolutionstheorie Darwins nicht für möglich gehalten hatte. Beide zusammen lieferten zuvor den Befürwortern eines materialistisch-mechanistischen Weltbildes über drei Jahrhunderte die vermeintlich unabweisbaren Argumente.

Zwischenbilanz

Für die Nachvollziehbarkeit der Darlegungen in den folgenden Kapiteln könnte es von Nutzen sein, einige Kernaussagen zum Thema Quantenphysik noch einmal thesenartig Revue passieren zu lassen. Das sähe dann wie folgt aus:

> Es gibt, wie die Doppelspaltexperimente zeigen, in Bezug auf das Licht **keine objektive Welt**, die unabhängig von unserer Beobachtung existiert.

> *John Wheelers* Experiment der *verzögerten Entscheidung* zeigt, dass wir erst durch unsere Beobachtung festlegen, ob das Licht als Welle oder als Teilchen zu uns gelangt. „Zugespitzt ausgedrückt: Wir haben rückwirkend die

Vergangenheit des Lichts verändert" (Schneider, S. 26). In der Physik wird dieses Phänomen als *zeitliche* **Nichtlokalität** bezeichnet.

> Quantenobjekte verhalten sich so, *als ob Raum und Zeit nicht existieren.* Als ob es keine zeitlichen oder örtlichen Distanzen gäbe. Sie sind überall im Raum vorhanden, in einem Zustand der Allgegenwart und Ewigkeit. „Metaphysisch betrachtet sind sie damit ein Gleichnis für Gott" (Schneider, S. 40).

> *Der Urgrund der Materie ist nichtmateriell.* Eigentliche Wirkursache (Causation) sind *Quantenwellen, die weder Masse noch Energie transportieren.* Sie sind dimensionslose Zahlen, deren einzige Aufgabe es ist, *Information* zu transportieren.

> *Das Primäre unserer Welt ist Information und* **nicht Materie.** Informationen darüber, wie potenzielle Elementarteilchen (Elektronen, Photonen) ins Dasein zu gelangen haben. *Quantenwellen haben somit eine seinsbegründende Funktion.* Alles Existierende geht aus formatierten, auf Form hin angelegten Quantenwellen hervor.

> *Bewusstsein erschafft die Realität.* Quanteneigenschaften wie etwa der bereits erwähnte *Spin* (Eigendrehimpuls von Elementarteilchen) existieren so lange nicht, bis eine Messung vorgenommen wird. Die Experimente von *Aspelmeyer* und Zeilinger lieferten den jüngsten Beweis dafür, *dass Realität erst durch Messung erzeugt wird*, also durch einen Akt des Bewusstseins. Erst der Messvorgang „entbirgt" ein Sein, das zuvor nur den Quantenwellen

innewohnte. „Wenn Bewusstsein im Kern der Quantenphysik liegt, und das tut es, dann liegt es allem zugrunde" (B. Haisch, S. 182).

> Allem Seienden liegt offenkundig *ein geistiges Prinzip* zugrunde. Die bewusstseinsartigen Quantenwellen sind Informationsträger für jegliche Formbildung. Die Materialisierung der Quantenwellen bedarf eines Beobachters. Ohne diesen sind in der Diktion *Heisenbergs* die Quantenwellen lediglich „Möglichkeitswellen", die erst durch Beobachtung zu einem materiellen Ereignis werden. *Die Wirklichkeit der Welt wird durch Beobachtung geschaffen.*

Was Einstein zu der Frage veranlasste, ob der Mond auch existiert, wenn er nicht beobachtet wird. Die Antwort der Quantenphysik ist ein eindeutiges Nein. Im Falle des Lichtes ist der Beobachter unser Gehirngeist. Es stellt sich aber in der Tat die von der Physik bisher nicht beantwortete Frage, wer der Beobachter ist, der die Existenzwerdung aller Dinge des *gesamten* Seins bewirkt. Der Physiker *Dirk Schneider* hat hierzu eine interessante Theorie geliefert, die in einem der folgenden Kapitel vorgestellt werden soll.

IV.

Neue Antworten auf alte Fragen durch die moderne Physik

Das anthropische Prinzip im Licht der neuen Erkenntnisse

Anthropos ist im Altgriechischen das Wort für Mensch. Und das *anthropische Prinzip* besagt, dass das Universum genau die Eigenschaften hat, die es benötigte, um intelligente Lebewesen hervorzubringen. Dass hinter dem Schöpfungsganzen eine Idee steht, die zielgerichtet (teleologisch) auf die Erschaffung des Menschen hin angelegt ist, der, seiner selbst bewusst, den Gedanken Gott als Schöpfer aller Dinge zu denken vermag und zu diesem Gott in Beziehung treten kann. Die großen Weltreligionen – mit Ausnahme des Buddhismus – ebenso wie die Naturreligionen bringen diesen Gedanken in ihren Schöpfungsmythen zum Ausdruck.

Am bekanntesten ist für Juden und Christen der Schöpfungsbericht des Alten Testaments: „Im Anfang schuf Gott Himmel und Erde". (Das Wort 'Welt' gibt es im Hebräischen nicht.) In sechs Stufen oder Tagen, wie es in Genesis 1 bis 11 heißt. Letzter Schöpfungsakt Gottes war der Mensch (Genesis, 2,7 und 2,21).

Im Neuen Testament ist der Prolog des Johannes-Evangeliums letztlich ein Schöpfungsbericht im Sinne des anthropischen Prinzips:

„Im Anfang war das Wort,
und das Wort war bei Gott,
und das Wort war Gott.
Dies war im Anfang bei Gott.
Durch dieses ist alles geworden,
und ohne es ward nichts von allem,
was geworden ist.
... Und das Wort ist Fleisch geworden
und hat unter uns gewohnt."

(Joh 1,1)

Im griechischen Original des Evangeliums steht für „Wort"
der Begriff *„logos"* und bedeutet göttliche Vernunft und allumfassendes Gesetz. So gesehen kann auch der Prolog des Johannesevangeliums als ein Schöpfungsbericht nach dem anthropischen Prinzip betrachtet werden.

Inzwischen kommen auch Wissenschaften wie die Astrophysik,
die Astrogeologie und die Astrobiologie zu Forschungsergebnissen, die an der teleologischen (zielgerichteten) Entwicklung
des kosmischen Geschehens eigentlich keinen Zweifel mehr
zulassen. Hierzu einige unfassbar präzise Fakten der kosmologischen Forschung. Wären diese auch nur um eine Winzigkeit anders, dann würde es unser Universum mit dem Planeten
Erde und uns Menschen gar nicht geben.

Die Entstehung des Universums

Nach der heute allgemein akzeptierten *Urknall-Theorie* entstand unser Universum vor circa 13,7 Milliarden Jahren in einem „Blitz aus Energie und Licht" in der unvorstellbar kurzen Zeit von 10 hoch minus 43 Sekunden. Das ist eine Bruchzahl, die im Nenner die Zahl zehn 43 Mal mit sich selbst multipliziert. Hinzu kommt: Vor diesem Urknall war die Materie des gesamten Kosmos auf einen Durchmesser von 10 hoch minus 35 Metern konzentriert, d. h. einem Milliardstel von einem Billionstel von einem Billionsten Zentimetern! Ohne dass die Naturwissenschaften jemals werden sagen können, wer oder was die „Explosion" dieses „Ur-Atoms" ausgelöst haben könnte. „Gott wurde damit in der Physik wieder ins Bewusstsein gerückt, er hatte plötzlich bei vielen Physikern wieder einen Stellenwert", sagt Michael Grün dazu. Für *Robert Jastrow*, Physiker im Dienste der NASA seit ihrer Gründung, schreit dieser Vorgang geradezu nach einer göttlichen Erklärung. Papst Pius XII. erklärte denn auch 1952, dass die 1948 publizierte Urknall-Theorie in tiefer Harmonie mit der christlichen Lehre stehe und die Existenz eines Schöpfers untermauere.

Aber nicht weniger Staunen und Ehrfurcht gebietend sind noch andere Details der Urknall-Theorie, wie etwa Folgendes: In der gegen Null tendierenden Zeit des Urknalls wurde die gesamte Materie und Antimaterie geschaffen und kühlte innerhalb einer Millionstel Sekunde so weit ab, dass *Quarks* und *Antiquarks* entstehen konnten, die Bausteine von Atomen. Auf etwa eine Milliarde Quarks und Antiquarks kam je ein zusätzliches Quark. Und dieser winzige Teil macht die gesamte Masse des Universums aus, einschließlich der sog. *Dunklen Materie* (27 %) und der auseinandertreibend wirkenden *Dunklen Energie* (68 %). Beide zusammen bilden 95 % der gesamten Masse des Universums. Lediglich 5 % der Masse des Universums manifestieren sich in Sternen und Galaxien. Von

Letzteren gibt es mindestens 100 Milliarden mit durchschnittlich 120.000 Lichtjahren Durchmesser. Und jede dieser Galaxien enthält wiederum circa 100 Milliarden Sonnen von der Art wie die unsrige, in einem Weltall mit einem Durchmesser von etwa 40 Milliarden Lichtjahren.

Diese geradezu atemberaubenden Befunde wurden nicht von irgend jemandem errechnet, sondern von dem wohl größten Mathematiker und Kosmologen unserer Tage: dem weltberühmten Cambridge-Professor *Stephen Hawkins,* der im März 2019 im Alter von 75 Jahren gestorben ist.

Die Feinabstimmung der Naturkonstanten

Für das anthropische Prinzip und einen unendlich weisen und allmächtigen Schöpfer als „Vordenker" sprechen auch die unfassbar präzis aufeinander abgestimmten 15 Naturkonstanten zusammen mit weiteren 22 Parametern, die wir für unsere physikalischen Gesetze verwenden. Deren Größen sind genau berechenbar, lassen sich aber nicht von andern Gesetzen her ableiten.

Ein Beispiel für die unglaublich präzise Feinabstimmung der 15 physikalischen Naturkonstanten, die viele Forscher einfach nur als Wunder betrachten, ist in *Stephen Hawkins* Buch „*Eine kurze Geschichte der Zeit*" nachzulesen: „Wenn die Expansionsgeschwindigkeit eine Sekunde nach dem Urknall auch nur ein 100.000 Millionstel kleiner gewesen wäre, wäre das Universum wieder kollabiert, bevor es überhaupt seine jetzige Größe erreicht hätte" (a.a.O. S. 158). Und wäre die Expansionsgeschwindigkeit auch nur um ein Millionstel größer gewesen, hätten sich weder Sterne noch Planeten bilden können. Zahlen, die alle Vorstellungskraft übersteigen und nur als abstrakte Größen bestaunt und bewundert werden können.

Zu den Naturkonstanten zählt auch die starke *Anziehungskraft* im Innern der Atomkerne, durch die Protonen und Neutronen zusammengehalten werden. Wären diese nur um ein Geringes schwächer gewesen, dann hätte sich nur Wasserstoff im Universum bilden können. Wären die Kernkräfte nur wenig stärker gewesen, wäre im Frühstadium nach dem Urknall der gesamte Wasserstoff in Helium umgewandelt worden, anstatt der nur 25 %. Mit der Folge, dass „die Fusionsöfen der Sterne und ihre Fähigkeiten, schwere Elemente zu generieren, sich niemals hätten bilden können" (F. Collins, S. 60). Aber eben diese schweren Elemente waren die Voraussetzung für die Entstehung von Leben auf unserer Erde. Fast alle Atome unseres Körpers entstanden in den nuklearen Öfen der Supernovae, den sterbenden Großsternen irgendwo im Universum. Es bedurfte der gigantischen Galaxien, um sie herzustellen. Diese sind also nicht nur „ein Ausschwingen der Schöpferkraft Gottes", wie Theologen früher meinten, sondern absolute Notwendigkeit für das Entstehen von Leben.

In atomarer Hinsicht sind wir Menschen tatsächlich Staub der Sterne.

Stephen Hawkins, der zeitlebens zwischen Atheismus und Agnostizismus schwankte, schreibt an anderer Stelle in *Eine kurze Geschichte der Zeit:* „Es wäre schwierig zu erklären, warum das Universum gerade so begonnen haben sollte, wenn es nicht ein Akt Gottes gewesen wäre, der Geschöpfe wie uns schaffen wollte" (a.a.O. S. 165).

Das anthropische Prinzip und die Quantenphysik

Im Lichte der modernen Physik erhält der auf uns Menschen hin angelegte Schöpfungsgedanke eine neue, wissenschaftlich fundierte Relevanz wie vieles andere auch. Anders als von Newton und Descartes gedacht, ist unser Universum kein in sich abgeschlossenes, uhrwerkartig funktionierendes Ganzes mit ewig unveränderlichen, genau berechenbaren Gesetzen; sondern ein durch den Einfluss von Quantenwellen strukturiertes Gebilde.

Erinnern wir uns an einige oben bereits erwähnte Forschungsergebnisse der Quantenphysik. Vor allem das **Doppelspalt-Experiment**, in dem sich Elementarteilchen (Elektronen, Photonen) bald als Wellen, bald als Teilchen zu erkennen geben, abhängig davon, ob sie per Experiment beobachtet werden oder nicht. Zwischen aussendender Quelle und dem Detektor (dem Schirm, auf dem sie auftreffen) verwandeln sich Elektronen in Quantenwellen.

In *John Wheelers* **Experiment der verzögerten Entscheidung** können Quantenobjekte sogar rückwirkend ihre Vergangenheit verändern. Das bedeutet, dass sie in *zeitlicher Nichtlokalität* existieren. Gegenwart und Vergangenheit fallen bei ihnen zusammen. Hinzu kommt die *räumliche Nichtlokalität*. Quanten beeinflussen sich in einer Weise, als ob es keine Entfernungen gäbe.

In der von *Erwin Schrödinger* (1887-1961) entwickelten **Quantenmechanik**, auch *Wellenmechanik* genannt, werden Elementarteilchen, Atome und Moleküle – *im Prinzip das ganze Universum, da aus ihnen bestehend* – als Wellen betrachtet, mathematisch durch Wellenfunktionen (mathematische Gleichungen) ausgedrückt ... In Schrödingers Atomen z. B. sind die Elektronen, die die Atomkerne umgeben, Wellenmuster – stehende Wellen, die an den Atomkernen festgebunden sind. Dies bedeutet, „... *dass sich die Elementarteilchen in Quantenwellen aufgelöst haben*, in Zustände, die eine andere Art von Sein ausdrücken als das Sein der gewöhnlichen Dinge" (Schäfer, S. 46).

Quantenwellen sind Wahrscheinlichkeitswellen, deren einzige Aufgabe die Verbreitung von Informationen durch Zahlenverhältnisse ist. Alle Quantenobjekte unterliegen dabei den Gesetzen der Interferenz (Überlagerung von Wellen). „Sie diktieren sozusagen, was im Universum erlaubt ist und was nicht; ***die gesamte sichtbare Ordnung der Wirklichkeit wird durch die Interferenzen dieser Wellen bestimmt***" (Schäfer, S. 47).

„Die Atomlehre der modernen Physik unterscheidet sich dadurch wesentlich von der antiken Atomistik, dass sie die Ausgestaltung oder Umdeutung zu einem naiven materialistischen Weltbild nicht mehr zulässt", schrieb *Heisenberg* 1937. Sie lehrt uns, „***dass es Atome als einfache körperliche Gebilde nicht gibt***" (Schäfer, S. 120).

Das Resümee dieser Befunde: „*An der Wurzel der Wirklichkeit finden wir Zahlenverhältnisse – nichtmaterielle Prinzipien – auf denen die Ordnung dieser Welt gegründet ist. **Die Grundlage der Welt ist nichtmateriell***" (ibd.).

Ein Weiteres kommt hinzu, das sich unmittelbar als Stütze des anthropischen Prinzips erweist. Da ist zum einen die Tatsache, dass die Existenz eines Elementarteilchens an einem bestimmten Ort erst durch Beobachtung durch eine Messvor-richtung geschaffen wird. In diesem Sinne können wir sagen: *Wirklichkeit wird erst durch Beobachtung erschaffen.*

„Es gibt keine Objekte, die unabhängig vom menschlichen Bewusstsein existieren", schreibt der französische Quanten-physiker *Bernard d'Espagnat (1931-2015)*. Auf der Suche nach dem „eigentlich Wirklichen", dem Ding an sich, wie Kant es nannte, kommt er zu dem Ergebnis, *dass **unser Bewusstsein kein Teil der physischen Welt** ist,* sondern Teil eines auf Form hin angelegten kosmischen Bewusstseins. „Die Lehre, wonach die Welt aus Objekten besteht, die unabhängig vom menschli-chen Bewusstsein existieren, gerät offensichtlich in Gegensatz zur Quantenmechanik und zu experimentell belegten Fak-ten", schrieb d'Espagnat schon 1979 im *Scientific American.*

Vlatko Vedral geht noch einen Schritt weiter und schreibt in seinem Buch: „Decoding Reality": *„Wir sind nicht nur passive Beobachter der Realität, wir erschaffen sie vielmehr."* Ein Ge-danke, den der Physiker *John von Neumann* schon1932 ge-äußert hatte: „Eine vom Bewusstsein erschaffene Realität ist das unvermeidliche Ergebnis der Quantentheorie." Die Ex-perimente der österreichischen Quantenphysiker *Aspelmeyer* und *Zeilinger* mit polarisierten Photonen-Paaren haben „den bislang besten Beweis dafür geliefert, dass dem tatsächlich so ist: *Bewusstsein erschafft Realität*" (B. Haisch, S. 183). Als Wesen, die Teil eines universalen Bewusstseins sind, sind wir Menschen also in ungeahnter Weise, nicht nur biologisch, Mitschöpfer am großen Werk seines Urhebers.

Mit ihren Aussagen liegen *von Neumann* und *Vedral* auf der Linie des amerikanischen Physikers *Henry P. Stapp* (geb. 1928) von der University of California. Wie vor ihm schon *Eugene Wigner* vertritt er in seinem Buch „*The Mindful Universe*" (2011) die Auffassung, **dass der Kollaps der Wellenfunktion einen bewussten Beobachter erfordert**. Daraus entwickelte er eine Theorie des Bewusstseins, in der *Gedankenprozesse eine quantenmechanische Grundlage* haben. Mit dieser These können sicherlich auch Neurologen leben und sich auf die empirische Forschung konzentrieren. Die Frage, was Bewusstsein tatsächlich ist, können sie mit den Mitteln der klassischen Physik prinzipiell nicht beantworten. Etwa in dem Sinne, dass Bewusstsein eine Art Ausdünstung des Gehirns sei so wie die Galle eine Ausscheidung der Leber.

Schon 1977 folgerte *Stapp* aus der Nichtlokalität der Quantenphänomene, **dass der fundamentale Prozess der Natur außerhalb der Raumzeit liegt**, aber Ergebnisse hervorruft, die innerhalb von Raum und Zeit geortet werden können. Dies erlaubt die Annahme eines **Universums als einer Ganzheit**, *unabhängig von Raum und Zeit*. Mit unserem Bewusstsein sind wir nicht nur miteinander, sondern mit dieser Ganzheit verbunden. „Wir sind mit einem Teil der Wirklichkeit verbunden, der den materialistischen Vordergrund der Dinge transzendiert und selbst die Natur eines Bewusstseins hat", sagt *Lothar Schäfer* und fährt an anderer Stelle fort: „Wenn das Universum nichtlokal ist, dann müssen wir erwarten, dass wir ein Teil seines Netzwerks sind. Wenn der Hintergrund des Universums die Natur eines Bewusstseins hat, dann müssen wir erwarten, dass es mit unserem Bewusstsein in Verbindung steht" (Schäfer, S. 130).

Im Unterschied zu den rein spekulativen Ideen, etwa der *Stringtheorie* oder der *Multiversum-Theorie*, die keinen einzigen experimentellen Nachweis liefern können, da prinzipiell nicht möglich, beruhen die Erkenntnisse der Quantenphysik auf beliebig oft wiederholbaren Experimenten. Womit sie den Ansprüchen der Wissenschaftlichkeit genügen und nicht nur Hypothese sind. Wer die anthropologische Sichtweise als vorwissenschaftlichen Schöpfungsmythos abzutun geneigt ist, muss sich den Vorwurf gefallen lassen, dass er immer noch nicht bereit ist, über den Tellerrand der klassischen Physik Newtons hinauszuschauen.

Es sind vor allem Nicht-Physiker in den Reihen der Lebenswissenschaften, die immer noch stur das Darwinsche Prinzip von Mutation und Auslese und den *statistischen Zufall* als kreativen Faktor in der Aufwärtsentwicklung des Lebens vom ersten Bakterium bis hin zum Menschen betrachten. Richtig daran ist lediglich, *dass alles Leben auf eine einzige Urzelle zurückgeht*, wie Genforscher neuerdings berichten.

Der Zufall spielt tatsächlich eine entscheidende Rolle, wie wir noch sehen werden. Nur eben nicht der simple *statistische* Zufall, von dem die Darwinisten bis heute ausgehen und an Schulen und Universitäten immer noch lehren. **Der eigentlich kreative Zufall ist nicht statistischer, sondern quantenphysikalischer Art**, was Gegenstand des folgenden Kapitels sein wird.

Quanteneinflüsse im Prozess der Evolution

Darwins Abstammungslehre beinhaltet ebenso wie Newtons Mechanik den Materialismus. Der Biologe *Ken Miller* betont dies gleich mehrfach in seinem 1999 veröffentlichtem Buch *Finding Darwin's God.* „Wissenschaft ist Mechanismus und Materialismus. Das Verdienst Darwins liegt darin, dass er gezeigt hat, *dass Mechanismus und Materialismus auch für die Biologie gelten*" (S. 168). *Charles Darwin* (1809-1882) war ein tiefgläubiger Mensch und wollte mit seiner Theorie weder Atheisten noch Agnostikern Argumente liefern. Was die Gottesleugner seit der Veröffentlichung seines Hauptwerkes *The Origin of Species* nicht hinderte, ihn für ihre Zwecke zu missbrauchen: bis in unsere Gegenwart, wie man sieht.

Dabei lehrt uns die Physik seit Beginn des 20. Jahrhunderts, dass Mechanismus und Materialismus die Wirklichkeit nicht richtig beschreiben. Wie das Beispiel Ken Miller zeigt, sind auch nach 100 Jahren noch keinerlei Anzeichen zu erkennen, die durch die Quantenphysik veränderte Weltsicht in den Lebenswissenschaften zu berücksichtigen. „Die herkömmliche Biologie verhält sich so, als ob es die Physik des 20. Jahrhunderts nie gegeben hätte und sich das Leben in einem völlig mechanistischen, materialistischen, von Einstein trennbaren, geistlosen Universum entwickelt hätte." So beschreibt *Lothar Schäfer* die gegenwärtige Situation (Schäfer, S. 95).

Darwin entwickelte seine Theorie im Kontext der klassischen Physik Isaac Newtons. Deren Grundannahme ist die Vererbung von Eigenschaften, die auf *ausschließlich örtlichen*

Faktoren beruhen. „Aus der klassischen Sicht ist kein Mechanismus denkbar, durch den eine kosmische Quelle den Prozess der Entwicklung des Lebens auf natürliche Weise hätte beeinflussen können. Beispielhaft für diese begrenzte Weltsicht ist Darwins berühmter Ausspruch: *Die Natur macht keine Sprünge*" (ibd). Wenn ihm jemand bewiese, dass sie es entgegen seiner Erwartung tut, hielte er seine Theorie für widerlegt, räumte Darwin ein, sich damit einem Grundprinzip wissenschaftlicher Redlichkeit unterwerfend.

Tatsächlich macht die Natur nichts als Sprünge, nämlich Quantensprünge. Darwin konnte von den Quantenaspekten der Wirklichkeit noch nichts wissen. Die Entwicklungsbiologen des Jahrhunderts nach ihm aber sehr wohl. Anstatt die Erkenntnisse der Quantenphysik zu berücksichtigen, wird einfach behauptet, dass die Biologie nichts mit Quanteneffekten zu tun habe, weil Biomoleküle zu groß seien, um als Quantensystem betrachtet zu werden, was erwiesenermaßen ein Irrtum ist. „Alle Dinge, unabhängig ihrer Größe, existieren in Quantenzuständen", sagt der Quantenchemiker Lothar Schäfer. „Der Erfolg der Quantenchemie bei der zuverlässigen Berechnung der Eigenschaften von Molekülen zeigt, dass *alle Moleküle*, ob groß oder klein, *Quantensysteme* sind." ***In einem Quantenuniversum ist biologische Neuheit immer die Manifestation physikalischer Neuheit*** (Schäfer, S. 190).

Die Entstehung von Mutationen durch Quanteneinflüsse

Aus neo-darwinistischer Sicht entstehen Mutanten durch fehlerhafte Übertragungen von Erbinformationen bei der

Zellteilung. Bei der Übertragung von ca. drei Milliarden Informationen pro Zelle (!) und einer Kopiergeschwindigkeit von 10.000 „Buchstaben" *pro Sekunde* – den Abfolgen der Basen Adenin, Thyamin, Guanin und Cytosin – kann es da schon mal zu Übertragungsfehlern kommen. Allerdings sind dergleichen Zufallsmutationen nachweislich zu 99 % schädlich und sorgen nicht für „Verbesserungen", wie die darwinistische Lehre annimmt. Trotz inzwischen dutzendfacher Einwände gegen die Theorie von „Zufall und Notwendigkeit" (Monod) bei der Aufwärtsentwicklung des Lebens vom ersten Bakterium bis hin zum Menschen, wird der *Neo-Darwinismus* (Mutation und Auslese plus Vererbungslehre) in den Klassenzimmern und Hörsälen noch immer als unanfechtbare Theorie gelehrt und verteidigt: Allen Einwänden aus allen relevanten Bereichen der Naturwissenschaften zum Trotz.

Dabei hätten die Darwinisten sich längst aus ihrer Sackgasse befreien können, wenn sie nur bereit wären, sich mit der modernen Physik auszusöhnen und deren Ergebnisse in ihre Disziplin einzubeziehen. Aber Gelehrte neigen bisweilen dazu, sich in den Elfenbeinturm ihrer Spezialwissenschaft zurückzuziehen und Zweifel an der Richtigkeit ihrer Theorien durch immer neue Hypothesen und Hilfshypothesen abzuwehren. Die Neo-Darwinisten sind ein besonders anschauliches Beispiel dafür, indem sie auf den *statistischen* Zufall setzen und mit einem wissenschaftlich so bedeutungslosen Begriff wie „Notwendigkeit" ihre Doktrin zu retten versuchen.

Das Quantenmodell der Mutation:
DNA-Moleküle als Quantenobjekte

Darwinsten gehen davon aus, dass im Prozess von Mutation und Auslese der *statische* Zufall mit „Notwendigkeit" neue Arten hervorbringt, also der eigentliche kreative Faktor sei. Darwins Lehre verdankt ihren schnellen Durchbruch der *Plausibilität* selbst bei interessierten Laien. Inzwischen wissen wir aber, *dass der Prozess der Mutation einen quantenphysikalischen Hintergrund* hat.

Der Quantenchemiker *Lothar Schäfer* schildert in seinem Buch *„Die versteckte Wirklichkeit" (2004)* die entsprechenden Zusammenhänge. Wir können hier nicht die Details eines ganzen Kapitels quantenchemischer Fakten wiedergeben. Wichtig sind an dieser Stelle die Kernaussagen, die aus seinen Darlegungen hervorgehen. Genaueres ist für Interessierte auf den Seiten 95 bis 111 nachzulesen. Ebenso auch in *N. Herberts* Buch *„Quantum Reality"*, auf das Schäfer verweist.

Der Wissenschaftler erinnert zunächst daran, dass Quantenobjekte in einer Art von Wirklichkeit existieren, die bei gewöhnlichen Dingen nicht bekannt sind, „zwischen der Idee von einem Ding und einem wirklichen Ding existierend", wie *Heisenberg* es ausdrückte und an anderer Stelle schon gesagt wurde. Hinzu kommen die Erkenntnisse der *Spektroskopie*, die besagen, dass die *Wellenfunktionen einfacher molekularer Prozesse bereits bekannt sind, lange bevor sie im materiellen Sinne wirklich werden.*

Die quantenphysikalischen und quantenchemischen Darlegungen Schäfers lassen sich zu folgenden **Kernaussagen** zusammenfassen:

> Die komplexe Ordnung der Lebewesen ist nicht aus einem Durcheinander oder aus dem Nichts entstanden. *Neuerungen*, die in Mutationen zu Tage treten, *sind keine Schöpfungen des statistischen Zufalls.*

> Das Primäre bei einer Mutation ist jeweils *die Besetzung von Leerzuständen* in einem DNA-Molekül durch Nukleotide; hierbei aber nicht einem *statistischen Zufall* folgend, sondern *unter quantenphysikalischem Einfluss.* Der dadurch veränderte Phänotyp (die Erscheinungsform) wird *erst danach* durch natürliche Auslese getestet. Das Darwin'sche Prinzip von Mutation und Auslese ist also nur eine Art *Kantenschleifer* bei der Entstehung neuer Arten, *nicht aber Urheber* einer neuen Art. *Phänotypische Effekte,* also das Auftreten einer neuen Art, *sind grundsätzlich Eigenschaften von Quantenzuständen* und nicht das Werk von Materieklumpen.

> An *Mutationen* sind Zustände von DNA-Molekülen zwar *beteiligt.* Sie *gehören aber zur Quantenstruktur des Universums*, aus der die ganze sichtbare Ordnung der Welt hervortritt als Aktualisierung von virtuellen Zuständen.

> In der Quantenperspektive der Evolution ist die Entwicklung des Lebens zu immer komplexeren Arten nicht das Werk der daran beteiligten Körper, sondern eine Eigenschaft und Folge der daran beteiligten Quantenzustände.

> *Quantensprünge sind zufällig, aber die Ordnung, die sie offenbaren, ist es nicht.* Der Zufall erschafft nicht, was er offenlegt. Erschaffen wird alles durch die Logik des Universums. In der stoischen Philosophie mit dem schillernden Begriff *Logos* bezeichnet, womit Geist, Vernunft, Gesetzmäßigkeit u. a. gemeint ist.

> *Im Prinzip muss das ganze Universum als unfassbar gigantisches Quantensystem betrachtet werden*, mit *sichtbar-wirklichen* und *unsichtbar-virtuellen* Zuständen. In diesem Sinne sind auch wir Menschen Aktualisierungen von Quantenzuständen als Teil der virtuellen Ordnung des kosmischen Logos. Die Logosstruktur hat in unseren Körpern Materie (Gestalt) angenommen (Schäfer, S. 100-103).

> „In der Quantenperspektive sind *Gene*", so Schäfer, *„nicht die Urheber* der Nachrichten, die sie überbringen. Stattdessen sind sie *Vehikel oder Schaltstationen, durch welche die Informationen einer tieferen Ordnung an uns weitergeleitet werden*. Durch die Gene kann sich die nichtmaterielle, virtuelle Ordnung der Quantenwelt in der materiellen Welt verwirklichen. Gene haben phänotypische Wirkungen, wie die Biologen das beschreiben. *Gleichzeitig sind die Gene selbst aber phänotypische Effekte von Quantenzuständen"* (a.a.O. S. 109).

> Nicht Zufall und Notwendigkeit, wie Monod annahm, sind das Leitmotiv der Evolution, sondern **Zufall und Wahrscheinlichkeit**. Nicht der statistische Zufall, sondern *der Zufall, der aus der virtuellen Ordnung des Universums hervorgeht*, die schon besteht, *bevor sie materiell in Erscheinung tritt*.

> In diesem Sinne ist jeder von uns *die Aktualisierung eines komplizierten Quantenzustandes*, der schon *lange vor unserer Geburt virtuell in der Quantenstruktur* des Universums existierte. *„Geboren vor aller Zeit"*, diese Aussage des christlichen Glaubensbekenntnisses über *Jesus Christus*, die Mensch gewordenen Liebe Gottes,

wäre zumindest logisch, vielleicht auch theologisch, so zu interpretieren.

Das oben erörterte **anthropische Prinzip** legt überdies die Vermutung nahe, „dass die Zustandsfunktionen der DNA genau so beschaffen sind, wie sie sein müssen, um Übergänge in Zustände zu ermöglichen, die Lebensformen mit steigender Komplexität entsprechen" (ibd.). Und diese zulassen! Das erinnert an die unfassbar präzisen Vorgänge bei der Entstehung des Universums als Voraussetzung für die Entstehung von Leben auf unserer Erde.

Christlicher Glaube und die moderne Physik

Alles, was vorstehend über die Entdeckungen der Quantenwelt gesagt wurde, erlaubt den Schluss, dass wir mit einem Universum verbunden sind, das *transzendente Eigenschaften* aufweist. Eigenschaften, *die jenseits der sichtbaren Oberfläche der Dinge und jenseits unserer Kontrolle liegen.* Im Falle der modernen Physik aber, wie wir sahen, *durch ihre Auswirkungen experimentell nachweisbar* sind. *Henry P. Stapp* von der Universität von Kalifornien schloss aus der Nichtlokalität der Quantenphänomene, „dass der fundamentale Prozess der Natur außerhalb der Raumzeit stattfindet, aber Ereignisse hervorruft, die innerhalb der Raumzeit geortet werden können" (The Mindful Universe, 2011). *Amit Goswami* folgerte ähnlich wie *Stapp*, „dass **Bewusstsein, nicht Materie, die Grundlage allen Seins** ist, und dass Bewusstsein außerhalb der Raumzeit nichtlokal alles durchdringt" (Schäfer, S. 55). Dass also auch **unser Bewusstsein Teil einer Ganzheit** ist. Dies zeitigt weltanschauliche Konsequenzen, die noch nicht annähernd in der Wissenschaft, geschweige denn in der breiten Öffentlichkeit angekommen sind.

Ein Musterbeispiel für die erstaunliche Unbekümmertheit in Sachen Quantenphysik ist die im vorangehenden Kapitel dargelegte Sichtweise der Entwicklungsbiologie. Sie beharrt noch immer darauf, dass die Entstehung von Leben und dessen Aufwärtsentwicklung das Ergebnis *statistischer* Zufälle sei, was allein schon durch die Wahrscheinlichkeitsrechnung widerlegt werden kann (Vgl. Vollmert, Denton, Eichelbeck u. a.). Mit abenteuerlichen Hypothesen war das überkommene Darwin-

Schema nicht zu retten. Erst die Quantenphysik hat einiges Licht ins Dunkel gebracht, wie im vorigen Kapitel erläutert.

Mit der Rezeption der quantenphysikalischen Erkenntnisse durch die Theologie sieht es, mit wenigen Ausnahmen, nicht anders aus, obwohl gerade sie ein besonderes Interesse daran haben sollte, weil sie uns ein Fenster hin zur Transzendenz öffnet. Als hätte es die Quantenphysik nie gegeben, argumentierten die meisten Religionswissenschaftler der letzten Jahrzehnte noch ganz im Sinne der klassischen Physik, deren Weltbild zufolge es das Wundersame, das logisch nicht Erklärbare gar nicht geben kann. Die begrenzte Logik menschlicher Vernunft wurde schlechthin verabsolutiert entgegen den Erkenntnissen der modernen Physik.

Hinzu kommt, dass die Newtonsche Physik neben dem *Kausalitätsprinzip* einen **strengen Determinismus** beinhaltet. Für Religion, Transzendenz, freier Wille, Gewissen und Moral ist da, genau genommen, kein Platz. In dem in sich abgeschlossenen, mechanistisch funktionierenden „Uhrwerk-Universum" galt Gott für viele Nachfolger Newtons und Descartes allenfalls noch als Schöpfer und Erbauer der Maschine Welt. Und da Gott in diesem Universum selber den physikalischen Gesetzen von Raum und Zeit unterworfen sei, habe er auch gar nicht die Möglichkeit, in das Weltgeschehen einzugreifen. Für viele Physiker und Kosmologen seit *Laplace (1749-1827)* war und ist Gott nur noch eine Hypothese für das wissenschaftlich noch nicht Gewusste, und die von Bibel und Kirche verkündete Menschwerdung des göttlichen Logos nichts weiter als eine fromme Legende für wissenschaftsferne Gemüter. Aber: „Ein Gott, der nicht mehr wirken kann, ist

69

nicht Gott. ... Wenn Gott nicht mehr in Christus ist, dann rückt er in unmessbare Ferne" (Ratzinger, a.a.O. S. 24).

Damit sind wir beim eigentlichen Thema dieses Kapitels, dem Verhältnis der Quantenphysik zur Botschaft der Bibel. Wer sich mit der modernen Physik befasst, begegnet, wie wir sahen, Phänomenen, die unbestreitbar auf Transzendenz verweisen. Auf so „spukhafte Erscheinungen" (Einstein) wie etwa *die Verschränkung von Quantenteilchen, die augenblicklich und entfernungsunabhängig miteinander kommunizieren: Räumliche und zeitliche Nichtlokalität* genannt. Was in krassem Widerspruch zur Einsteinschen Relativitätstheorie steht, der zufolge es keine größere Geschwindigkeit als die Lichtgeschwindigkeit geben kann. Bei näherer Betrachtung stellt sich heraus, dass ein bestimmtes Merkmal sowohl für die Quantenphysik als auch für den christlichen Glauben typisch ist.

Das Prinzip der Komplementarität als Verstehenshilfe

In seiner Tübinger Vorlesung im Sommersemester 1967 befasste sich Josef Ratzinger, der spätere Papst, unter anderem mit der Geschichte der *Trinitätslehre*. Jeder der großen altgeschichtlichen wie neugeschichtlichen Versuche des Begreifenwollens des dreifaltigen Gottes erwies sich, so Ratzinger, stets als Überhebung des menschlichen Geistes und landete auf dem Friedhof der Häresien; jedoch nicht sinnlos, sondern als Baustein der großen Kathedrale menschlichen Denkens, wie er sagt. Die letzten großen Versuche dieser Art unternahmen im 19. Jahrhundert die Philosophen *Hegel* und *Schelling*. Aber auch deren Gedanken konnten nie mehr sein als „eine verweisende Geste, die ins Unnennbare hinüberzeigt, ein bloßes Ausgreifen nach dem Ungreifbaren" (Ratzinger). Den Gott, den wir begreifen zu können vermeinen, gibt es nicht. Er ist und bleibt immer der ganz Andere.

Die frühe Kirche sah sich dennoch vor die Aufgabe gestellt, die offenkundige Gottbegegnung in Jesus Christus zu verarbeiten; zu verstehen, dass Jesus einerseits Gott als Vater anredet und zugleich sich mit diesem als wesensgleich ausgibt. „Wer mich sieht, sieht den Vater", sagt er zu Philippus. Oder auf die Frage an die Jünger: „Ihr aber, für wen haltet ihr mich?" bekennt Petrus spontan: „Du bist der Messias, der Sohn des lebendigen Gottes" (Mt 16,16). Oder das Bekenntnis des ungläubigen Thomas, der auf die Knie sinkend stammelt: „Mein Herr und mein Gott", nachdem er vom Auferstandenen aufgefordert worden war, seinen Finger in dessen offene Seite zu legen. Woraufhin Jesus sagte: „Du glaubst, weil du siehst. Selig, wer nicht sieht und doch glaubt." Oder auch der Bericht über die Taufe Jesu, als eine Stimme aus einer Wolke erscholl mit den Worten: „Dies ist mein geliebter Sohn, an dem ich mein Wohlgefallen habe. Auf Ihn sollt ihr hören."

Diese und andere Aussagen der Heiligen Schrift, ebenso wie die von Jesus gewirkten Wunder und seine Vollmacht, Sünden zu vergeben (!), weisen ihn als einen aus, der eben nicht nur Mensch ist, sondern in einer engen, wesensgleichen Beziehung zu Gott steht: „Er ist aus dem Vater geboren vor aller Zeit, Gott von Gott, Licht vom Lichte, wahrer Gott vom wahren Gott. Gezeugt, nicht geschaffen. Eines Wesens mit dem Vater; **durch ihn ist alles geschaffen.** Für uns Menschen und um unseres Heiles willen ist er vom Himmel herabgestiegen ... und hat Fleisch angenommen." Zu diesen Aussagen des

Großen Glaubensbekenntnisses rang sich das *1. ökumenische Konzil von Nizäa* im Jahr 325 durch, in dem Bemühen, die Geschehnisse des Jesus-Ereignisses zu verarbeiten.

„Die Sorge um das *wahre Gottsein Jesu* hat in der frühen Kirche die gleiche Wurzel wie die Sorge um *sein wahres Menschsein*", sagte Josef Ratzinger in der wenig später als Buch erschienenen Vorlesung, aus dem hier zitiert wird. „Nur wenn er wirklich Mensch war wie wir, kann er *unser* Mittler sein, und nur wenn er wirklich Gott ist wie Gott, erreicht die Vermittlung ihr Ziel. ... Nur der Gott, der einerseits der wirkliche Grund der Welt und andererseits ganz der uns Nahe ist, kann Ziel einer der Wahrheit verpflichteten Frömmigkeit sein. So ist aber auch die zweite Grundeinstellung schon benannt: Das unabweichliche Stehen zu einer *streng monotheistischen Entscheidung*, zu dem Bekenntnis: Es gibt nur *einen* Gott" (J. Ratzinger, Einführung in das Christentum, S. 154).

Von dem Jansenisten und Abt von Saint-Cyran, *Jean Duvergier (1581-1643)*, stammt die bemerkenswerte Aussage: „Der Glaube besteht in einer Reihe von Gegensätzen, welche durch die Gnade zusammengehalten werden." Damit sprach er als Theologe eine Erkenntnis aus, die als **Gesetz der Komplementarität** *(des einander Ergänzenden)* von *Niels Bohr (1885-1962)* in die Quantenphysik eingeführt wurde und seither das moderne naturwissenschaftliche Denken bestimmt. Das Komplementaritätsprinzip besagt, „dass wir die gegebenen Realitäten, etwa die Struktur des Lichtes oder der Materie überhaupt, nicht in *einer* Form von Experiment und nicht in *einer* Form von Aussage erfassen können; dass wir vielmehr von verschiedenen Seiten her je einen Aspekt zu Gesicht bekommen, den wir nicht auf den anderen zurückführen können" (a.a.O. S. 161). Das umgreifende Ganze, etwa im Falle des Dualismus von Welle und Teilchen, ist unserem begrenzten Sehvermögen nicht zugänglich. *Was unsere Logik als widersprüchlich empfindet, ist in Wirklichkeit die Vielheit der Aspekte eines großen Ganzen.* „Die Schöpfung", so der Physiker Bernhard Philberth „ist viel zu frei, zu veränderlich und mannigfaltig, um mit den vergleichsweise dürftigen Prinzipien der Logik umfassend und einheitlich-widerspruchsfrei festlegbar zu sein. *Der Widerspruch ist überall in der Welt gegenwärtig"* (Der Dreieine, S. 54).

Josef Ratzinger sah schon sehr früh Parallelen zur modernen Physik, die uns Denkhilfen zu geben vermag. „*E. Schrödinger* hat die Struktur der Materie als ‚Wellenpakete' definiert und damit den Gedanken eines nicht substanzhaften, sondern rein aktualen Seins gefasst, dessen scheinbare ‚Substantialität' in Wahrheit allein aus dem Bewegungsgefüge sich überlagernder Wellen resultiert. Dieser Gedanke mag physikalisch und philosophisch anfechtbar sein. Aber er bleibt ein erregendes Gleichnis für die *actualitas divina,* für das schlechthinnige Akt-sein Gottes, und dafür, dass das dichteste Sein – Gott – allein in einer Mehrheit von Beziehungen, die *nicht Substanzen,* sondern nichts als ‚Wellen' sind ... und darin ganz eines, ganz die Fülle des Seins bilden kann" (Ratzinger, S. 162).

Der vormalige Theologieprofessor Ratzinger und spätere Papst Benedikt gibt noch eine weitere „Verstehenshilfe", wie er sagt, die von der Naturwissenschaft ausgeht. Physiker wissen inzwischen sehr wohl, dass sie in ihren Experimenten als Beobachter selbst in ein Experiment eingehen und nur so zu physikalischer Erkenntnis gelangen können. Daraus folgt, *dass es die reine Objektivität selbst in der Physik nicht gibt.* Dass der Ausgang eines Experiments, also die Antwort der Natur, von der Frage abhängt, die an sie gestellt wird. „In der Antwort ist immer ein Stück der Frage und des Fragenden selbst anwesend" (ibd. S. 163).

Das Gleiche, so Ratzinger, gelte für die Gottesfrage. Den bloßen Beschauer, die reine Objektivität gibt es nicht. „Er (der Mensch) kann nicht als bloßer Beschauer fragen und existieren. *Wer versucht, bloßer Beschauer zu sein, erfährt nichts.* Auch die Wirklichkeit ‚Gott' kann nur in den Blick kommen für den, der in das Experiment mit Gott eintritt – in das Experiment, das wir Glauben nennen" (ibd.).

Der französische Mathematiker und Philosoph *Blaise Pascal (1623-1662)* hat dies mit seinem Argument der Wette in letzter Zuspitzung zum Ausdruck gebracht. Im Streitgespräch mit einem ungläubigen Partner gibt dieser schließlich zu, dass er sich in Sachen Gott entscheiden muss, den Sprung hinüber aber umgehen möchte. „Gibt es denn kein Mittel", so fragt er, „das Dunkel aufzuhellen und die Ungewissheit des Spieles aufzuheben?" Worauf Pascal – in verkürzter Form hier wiedergegeben – antwortet: „Sie wollen vom Unglauben geheilt werden und kennen nicht das Heilmittel? Lernen Sie von denen, die früher, wie Sie, von Zweifeln gepeinigt wurden. ... Ahmen Sie deren Handlungsweise nach, tun Sie alles, was der Glaube verlangt, als wenn Sie schon gläubig wären. Besuchen Sie die Messe, gebrauchen Sie Weihwasser usw., das wird Sie zweifellos einfältig machen und zum Glauben führen." Für Pascal bedeutet „einfältig machen": Rückkehr zur Kindheit, um zu den höheren Wahrheiten zu gelangen, die für die beschränkte

Weisheit der Halb-Wissenden unzugänglich ist. Mit den Worten Jesu gesagt: „Wenn ihr nicht werdet wie die Kinder, könnt ihr ins Himmelreich nicht eingehen."

„An diesem eigentümlichen Text ist so viel auf jeden Fall richtig: Die bloße Neugier des Geistes, der sich selbst aus dem Spiel halten will, kann niemals sehend machen – schon einem Menschen gegenüber nicht und noch viel weniger Gott gegenüber. *Das Experiment mit Gott findet nicht ohne den Menschen statt*" (a.a.O.).

Interessant ist in diesem Zusammenhang, dass *Erwin Schrödinger* zur Veranschaulichung des von ihm in die Physik eingeführten *Komplementaritätsprinzips* auf die Theologie verwies. Sie schreibt Gott Eigenschaften zu, die rein logisch gedacht einander widersprechen. Als Beispiel führt Schrödinger die Gott zugeschriebenen Eigenschaften der *Gerechtigkeit* und der *Barmherzigkeit* an. Wäre Gott nur gerecht und nicht auch barmherzig, könnte kein Mensch vor ihm bestehen. Erst durch unseren Glauben an den liebenden, verzeihenden Gott erwirken wir die Gnade seiner Barmherzigkeit, werden wir gerechtfertigt, wie Luther sagt. Die Gnade setzt allerdings neben einer begnadungsfähigen auch eine begnadungswillige Natur voraus.

Jesus Christus: Wesensgleich mit Gott seinem Vater

Wir haben die Trinitätsproblematik nicht zufällig an dieser Stelle aufgegriffen. Führt sie uns doch in die Mitte der Christologie und zu der Frage, wie sich *Jesu Menschsein* und sein *Gottes-Sohn-sein* vereinbaren lassen. Die Aussagen zur

Komplementarität mögen eine interessante Verständnishilfe sein. Letztlich sind auch sie nur „Hinweise auf das Unsagbare, aber doch mehr als leere Wortgebilde. Vielmehr die Überzeugung, *dass die Gottheit jenseits unserer Vorstellung von Einheit und Vielheit liegt. ... **Gott steht über Singular und Plural**.* Er sprengt beides" (Ratzinger, S. 166). Ebenso sprengt das Bekenntnis zur Trinität auch den naiven, menschlichen *Personenbegriff.* Er besagt, „***dass die Personhaftigkeit Gottes das menschliche Personsein unendlich übersteigt,*** sodass der Begriff Person, so viel er erhellt, doch auch wieder als unzulängliches Gleichnis sich enthüllt" (ibd. S. 167).

Wenn wir die Worte *und* die Taten Jesu bedenken, zumal seine Aussagen über sich selbst, dann wird verständlich, dass das Konzil von Nizäa gar nicht umhin kam, die Wesensgleichheit Jesu mit Gott seinem Vater zu bekennen und zum Dogma zu erheben. Verwiesen sei vor allem auf die „Ich-bin"- Worte Jesu, wie sie uns im Johannes-Evangelium überliefert sind. Sie sind in den Gleichnisgeschichten Jesu enthalten und an den bezeichneten Stellen wie folgt nachzulesen:

> Ich bin das Brot des Lebens (6,35)

> Ich bin das Licht der Welt (8,12)

> Ich bin die Tür; wer durch mich hineingeht, wird gerettet werden (10, 7.9)

> Ich bin der gute Hirt (10, 11.14)

> Ich bin die Auferstehung und das Leben (11,25)

> Ich bin der Weg, die Wahrheit und das Leben ((14,6)

> Ich bin der wahre Weinstock und ihr seid die Reben (15,1)

76

Nie zuvor oder danach hat ein Mensch vergleichbare Aussagen über sich selbst gemacht und Generationen von Theologen herausgefordert, sie zu deuten; und Generationen von Menschen Hoffnung auf Heil gebracht.

Das Messproblems der Quantenphysik

Wenden wir uns nun wieder unserem eigentlichen Thema zu, der Quantenphysik. Ist sie es doch, von der wir Auskünfte über essenzielle Fragen erwarten; möglicherweise sogar eine Bestätigung dessen, was die Kirche seit zweitausend Jahren lehrt und verkündet.

Wie oben bereits dargelegt, existieren Elementarteilchen vor einer Messung gar nicht. Erst durch die Beobachtung in einem Messvorgang verwandeln sie sich in ein materielles Teilchen. *Die materielle Wirklichkeit wird erst durch unsere Beobachtung erschaffen.* „Eine vom Bewusstsein erschaffene Realität ist das unvermeidliche Ergebnis der Quantenphysik", resümiert der renommierte Astrophysiker *Bernard Haisch* in seinem Buch „Die verborgene Intelligenz im Universum" (S. 182).

Werner Heisenberg hat diesen eigentümlichen Befund mit folgenden Worten beschrieben: „In Experimenten über Atomvorgänge haben wir es mit Dingen und Tatsachen zu tun, mit Erscheinungen, die ebenso wirklich sind wie im täglichen Leben. *Aber Atome oder Elementarteilchen sind nicht ebenso wirklich.* Sie bilden eher eine Welt von Tendenzen und Möglichkeiten als eine von Dingen und Tatsachen" (Heisenberg, Physik und Philosophie).

Mit anderen Worten: *Es gibt keine objektive Realität, die unabhängig von unserer Beobachtung existiert.*

Dies soll Einstein zu der provozierenden Frage veranlasst haben: „Existiert der Mond auch dann, wenn keiner hinsieht?" Aus Sicht der Quantenphysik kann die Antwort nur „Nein" heißen. Denn der Mond besteht ja selber aus Quantenobjekten, die vor einer Beobachtung nicht eigentlich wirklich sind. Ein nicht nur für Laien schwer vorstellbarer Gedanke, der deshalb bis heute unter Wissenschaftlern kontrovers debattiert wird.

Der bereits erwähnte dänische Physiker *Niels Bohr (1885-1962)*, Entdecker des Korrespondenzprinzips zwischen klassischer und moderner Physik, hatte in den zwanziger Jahren des letzten Jahrhunderts in Kopenhagen eine Forschungsstätte gegründet, in der sich die damals weltweit führenden Quantenphysiker trafen. Dort entwickelten sie die sog. *Kopenhagener Interpretation der Quantenphysik,* die inzwischen von einer Mehrheit von Physikern akzeptiert wird. Sie versucht, die Frage zu beantworten, *wie* bei Beobachtung von Wellenfunktionen diese zusammenbrechen (kollabieren) und durch diesen „Kollaps", wie die Physiker sagen, *aus Möglichkeiten tatsächliche Objekte* unserer materiellen Welt werden. *Wie aus nicht-materiellen Quantenwellen materielle Gebilde* wie Elektronen oder Photonen entstehen.

Unbeantwortet ist bis heute aber die Frage, *wer oder was* aus reinen „Möglichkeitswellen" reale Objekte macht. Nur wenige Physiker beschäftigen sich aktuell mit dieser für den Aufbau und das Entstehen von Materie entscheidenden Frage. Der Grund: Für die praktische Arbeit der Physiker ist die Deutung des Wesens der Quantenwellen nicht wichtig. Für die Entwicklung so hochtechnologischer Apparate wie einen Kernspintomografen ist die Schrödinger-Gleichung der Quantenmechanik ausreichend. Die durch *Erwin Schrödinger* mathematisierte Form der Quantenphysik, *Quantenmechanik* genannt, genügt, um die Ergebnisse von Experimenten im Voraus zu berechnen. Physik ist Mathematik, heute mehr denn je.

Die Quantenphysik und der dreifaltige Gott

Zu den Wissenschaftlern, die sich nicht damit abfinden wollen, *wie* Quantenphysik funktioniert, sondern eine Antwort auf die Frage gesucht haben, *wer* oder *was* die Wellenfunktion jeweils zum Zusammenbruch bringt, gehört der Karlsruher Physiker *Dirk Schneider*. Es hat verschiedene Versuche gegeben, die Entstehung der Realität naturwissenschaftlich zu erklären.

> Zum Beispiel den Ansatz der *Kopenhagener Interpretation*, die eine strikte Trennung von mikroskopischer und makroskopischer Welt vornimmt. Dem steht das Faktum entgegen, **dass auch der makroskopische Bereich eine quantenphysikalische Basis** hat. Da alles aus Atomen besteht, Leben und tote Materie, unterliegt es den Quantengesetzen.

> Genannt sei auch die Idee des Quantenphysikers *John von Neumann*, nach der ein *bewusster Beobachter* den Zusammenbruch (Kollaps) der Wellenfunktionen und damit deren Materialisierung verursacht. Das scheint logisch richtig zu sein und ist experimentell bestätigt. Es übersieht aber, dass im Sinne der klassischen Physik auch das Bewusstsein des Beobachters nur ein Produkt des aus Materie bestehenden Gehirns ist. Ein materielles Bewusstsein ist aber nicht

geeignet, ein nicht materielles Ereignis (den Kollaps der Wellenfunktion) zu bewirken. Eigentlicher Auslöser muss etwas anderes sein.

> Das Gleiche gilt für *die Annahme eines nichtmateriellen Bewusstseins* als Auslöser. Hierfür wäre im Sinne der klassischen Physik ein Austausch von Energie zwischen materieller und geister Welt erforderlich, was aber in keiner Weise zu beobachten ist. Es widerspräche auch dem fundamentalen Gesetz der Erhaltung der Energie.

Hinzu kommt das Dilemma, auf das der amerikanische Nobelpreisträger *Eugen Wigner* aufmerksam gemacht hat: Was passiert, wenn *zwei* Beobachter *gleichzeitig* die Wellenfunktion mit ihrem Bewusstsein zum Einsturz bringen? In der Physik als „Wigners Freund" ein stehender Begriff und ein nicht auflösbares Dilemma.

Ein Lösungsansatz ohne Widersprüche?

Eine widerspruchsfreie Lösung des Messproblems, also der Frage, *wer oder was* den Kollaps der Wellenfunktion bewirkt und Quantenwellen in Materie verwandelt, gibt es nach *Dirk Schneider* nur dann, wenn wir *das System der materiellen Realität verlassen* und ein Bewusstsein annehmen, das *von außerhalb* auf den Vorgang einwirkt: **als ein einziges, allumfassendes Bewusstsein,** von dem oben schon die Rede war. Vielfach durchgeführte Experimente wie das *Doppelspalt-Experiment,* die *Verschränkung von Teilchen* oder jenes der *verzögerten Entscheidung (vgl. Kap. II)* scheinen diese Annahme zu bestätigen.

Ein derartiges Bewusstsein bewirkt den Kollaps der Wellenfunktion und wandelt jeweils eine der unendlich vielen Möglichkeiten in ein reales materielles Ereignis um. Ein Austausch von Energie zwischen unserer materiellen Welt und der transzendenten Quantenwelt wäre dann nicht erforderlich, da beide Teil eines umfassenden Bewusstseins sind und somit signallos mit einander kommunizieren (Schneider S. 80). Der Quantenphysiker *Amit Goswami* hat für dieses aus Experimenten gefolgerte Bewusstsein den Terminus **Quantenbewusstsein** eingeführt.

Dieses allgegenwärtige, allumfassende Quantenbewusstsein hat per se alle Möglichkeiten der materiellen Welt im Blick. Zur Auswahl aus der Fülle der Möglichkeiten bedarf es aber eines individuellen Geistes, wie er nach Auffassung der klassischen Physik durch unser Gehirn gebildet wird. *Goswami* bezeichnet dieses individuelle Bewusstsein daher als *Gehirn-Geist* oder *Ego-Bewusstsein*. Um eine bestimmte Wellenfunktion zum Zusammenbruch zu bringen und damit Materie entstehen zu lassen, bedarf es der bewussten Beobachtung durch das transzendente, nichtlokale Quantenbewusstsein einerseits sowie des individuellen, Gehirngeist genannten Bewusstseins anderseits. Das gilt auf jeden Fall für die bekannten quantenphysikalischen Experimente der oben beschriebenen Art.

Aber wie stellt sich das Ganze dar im Blick auf die Schöpfung insgesamt? Die ja bekanntlich durch einen Urknall im Bruchteil einer Sekunde entstanden ist! „Der Schöpfungsprozess lässt sich sowohl aus naturwissenschaftlicher als auch aus theologischer Sicht nur mit der Trinität erklären", sagt *Schneider*. Naturwissenschaftlich stehen für diese Aussage die einschlägigen

Experimente. Aber inwiefern deutet die Quantenphysik auf die Trinität Gottes hin? Die Dreifachstruktur der Quantenphänomene – Quantenwellen, Quantenbewusstsein, Ego-Bewusstsein – korrespondiere auffällig mit dem christlichen Dogma des dreifaltigen Gottes, so Schneider.

Sein Ansatz setzt das oben beschriebene *Gesetz der Komplementarität* voraus, das wir als Verstehenshilfe für scheinbar unvereinbare Sachverhalte bereits kennengelernt haben. „Gott nimmt verschiedene ,Rollen' an", sagt Schneider, was er aber nur als „ungefähres Bild" verstanden wissen will. Alles andere wäre ja auch hochgradig vermessen.

> *Gott Vater* gibt gedanklich die Schöpfungsordnung in Form von Quantenwellen vor.

> *Der Hl. Geist*, als Quantenbewusstsein allgegenwärtig, verwirklicht die Schöpfungsgedanken des Vaters und erschafft die Welt in jedem Augenblick immer wieder neu, bis sie am Ende nur noch Liebe ist wie Gott selbst.

> *Gottes Sohn,* hervorgegangen aus der Liebe des Vaters, stünde für das Ego-Bewusstsein im quantenphysikalischen Sinne und als Empfänger des Schöpfungswerkes des Vaters, das er nach dessen Vollendung „als Reich der Liebe und des Friedens" seinem Vater am Ende der Zeiten „zu Füßen legen" und dessen Herr sein wird.

Zugegeben eine steile These. Die entscheidende Frage ist: Gibt es einschlägige Aussagen für diese Vorstellung in der biblischen Überlieferung? Schon im Zusammenhang mit dem Doppelspalt-Experiment hat Dirk Schneider auf das Thomas-

Evangelium verwiesen, das zwar nicht in den Kanon der Heiligen Schrift aufgenommen wurde, aber in Logion 77 Jesus folgende Aussage zuschreibt:

„Jesus sprach: Ich bin das Licht, das alle Menschen erleuchtet. Ich bin das Ganze. Das Ganze ist aus mir hervorgegangen und das Ganze ist mir zugekommen. Spaltet Holz, ich bin da. Hebt einen Stein auf, ihr werdet mich dort finden. "

Eine solche Aussage Jesu wäre in unserem Zusammenhang gleich in mehrfacher Hinsicht ein aufschlussreicher Beleg: Zum einen für die Allgegenwart Gottes in seiner Schöpfung. Vor allem aber der Anspruch Jesu, dass *das Ganze aus ihm hervorgegangen* sei und *ihm zukomme.* Im trinitarischen Schöpfungsprozess ihm, Jesu, also die „Rolle" zufalle, die in der Quantenphysik dem materiellen *Ego-Bewusstsein (Gehirn-Geist)* zukommt. Das heißt, Auslöser zu sein für die Umwandlung von Quantenwellen in ein materielles Sein. Quantenwellen, die von Gott dem Vater bereitgestellt werden, im Quantenbewusstsein (Hl. Geist) aller Schöpfung innewohnt und auf Verwirklichung drängt und nach dem Willen des Vaters *auf Jesus hin ins Dasein gerufen* wurde und ihm als das Ganze zukommt.

Eine Vorstellung, die, wie gesagt, nur gleichnishaft gesehen werden kann, in Anlehnung an die Erkenntnisse der Quantenphysik, die ja ihrerseits auch nur „ein erregendes Gleichnis für das Akt-Sein (schöpferische Tun) Gottes" ist, wie es das oben erwähnte Ratzinger-Zitat zum Ausdruck bringt.

Hierbei ist zusätzlich zu bedenken, dass diese Jesus zugeschriebene Aussage im Zusammenhang mit der *gnostischen Lehre* jener Zeit zu sehen ist, dem *Manichäismus,* der auch Augustinus vor seiner Bekehrung anhing. Sie besagt, dass der Himmel eigentlich schon auf Erden sei. Nur bedürfe es einer vertieften Erkenntnis, um sich in diesen hinein selbst zu erlösen.

Eine derartige Selbsterlösung steht natürlich in diametralem Gegensatz zum Christentum, das in Jesus Christus die Mensch gewordene Liebe Gottes sieht. Der durch seinen Tod am Kreuze – „Wer hat eine größere Liebe als jener, der sein Leben hingibt für die Seinen" (Joh 15,13) – die Kluft zwischen dem unendlich heiligen Gott, der die Liebe selber ist, und seinem Geschöpf Mensch überwunden hat. Der Mensch, der seine Geschöpflichkeit immer wieder missachtet und am liebsten sein eigener Gott sein möchte. Theologen bezeichnen dieses Sein wollen *ohne* Gott oder *wie* Gott (Paradies-Geschichte!) als *Erbsünde* (Jan M. Lochmann).

Um die Schöpfung als Werk des trinitarischen Gottes zu begreifen, bedarf es anderseits auch gar nicht des Logions Jesu aus dem nicht kanonischen Thomas-Evangelium. Das Neue Testament mit seinen von der frühen Kirche als authentisch anerkannten Aussagen von und über Jesus bieten genügend eigene Anhaltspunkte dafür. Hier einige Beispiele.

Im sogenannten Großen Glaubensbekenntnis legte sich das 1. ökumenische (allgemeine) Konzil von Nicäa im Jahre 325 auf folgende Glaubenssätze fest:

„Er (Jesus) ist aus dem Vater geboren vor aller Zeit. Gott von Gott, Licht vom Lichte, wahrer Gott vom wahren Gott. Gezeugt, nicht geschaffen. Eines Wesens mit dem Vater. Durch ihn ist alles geschaffen." Analog zum Gehirn-Geist (Ego-Bewusstsein) der Quantenphysik als Auslöser.

Im Kolosserbrief 1,16 des Hl. Paulus finden wir folgende Aussage über Jesus:

„In Christus ist alles geschaffen, was im Himmel und auf Erden ist, das Sichtbare und das Unsichtbare."

Und im Hochgebet der Hl. Messe betet die Kirche:

„Durch ihn (Jesus Christus), und in ihm und mit ihm wird Dir, Gott, allmächtiger Vater, alle Ehre und Verherrlichung."

Auch dies legt den Gedanken nahe, dass Jesus am Schöpfungsprozess teil hat. Dass er allem Sein transzendent innewohnt und immanent die Schicksale der Menschen bis zur endgültigen Erlösung im Tode mitträgt und miterleidet.

Im Abendlob der orthodoxen Kirche wird Gott als *„die heilige, wesensgleiche, ungeteilte, Leben schaffende Dreifaltigkeit"* genannt und verehrt. Ein deutlicher Hinweis auf die Schöpfung als das Werk eines trinitarischen Gottes.

Wie auch immer wir den Versuch bewerten, die Erkenntnisse der Quantenphysik *gleichnishaft* auf den Schöpfungsprozess zu übertragen. Die „Ich-bin" Worte Jesu erscheinen, wie ich meine, in Kenntnis der modernen Physik in einem neuen, helleren Lichte.

Bewusstsein, Seele und überzeitliches Sein

Im Kapitel „*Geist und Bewusstsein als Grundlage der Wirklichkeit*" spielte das Bewusstsein bereits eine zentrale Rolle auf der Suche nach einem transzendenten Sein. Sie gipfelt in der Behauptung, ***dass Bewusstsein, nicht Materie die Grundlage allen Seins ist.*** Dass die gesamte kosmische Ordnung durch Quantenwellen vorgegeben ist und Materie aus unendlich vielen Auswahlmöglichkeiten durch ein Quantenbewusstsein ins Dasein gerufen und beständig im Dasein erhalten wird. Wogegen die klassische Physik lange unwidersprochen annahm, dass *Geist und Bewusstsein* – der im Englischen übliche Begriff „mind" steht für beides – *aus der Materie hervorgeht.* Also ein Produkt des Gehirns sei.

In diesem Sinne sind Biologen und Hirnforscher immer noch des Glaubens, dass auch alles Lebendige auf eine materiell-energetische Realität zurückzuführen sei. Sie halten das von der Quantenphysik aufgedeckte *„urlebendige Dazwischen-Beziehungsgefüge"* (H. P. Dürr) für irrelevant und interessieren sich weiterhin nur für das Sichtbare und Messbare.

Tatsächlich klingt ja auch die Behauptung, dass Bewusstsein die Welt der Materie erschafft, wie eine steile These abgehobener Philosophen. Gäbe es dafür nicht eine ganze Reihe experimentell belegter Erkenntnisse, von denen wir in vereinfachter Form oben bereits gehört haben. Wir sahen zum Beispiel, dass ***in der Quantenwelt Wechselwirkungen ohne Energieaustausch*** möglich und naturgegeben sind. Und ***Kausalität*** (Verursachung) ***durch Information*** stattfinden kann. Allein unser *Wissen* über ein elektronisches System kann einen physikalischen Vorgang *direkt* beeinflussen. An folgende Beispiele sei noch einmal erinnert:

> Bei *Elektronenbeugungsexperimenten* (Doppelspaltexperimenten) scheinen einzelne Elektronen zu *wissen*, in welchem Zustand sich die Versuchsanordnung in allen seinen Teilen befindet und verhält sich entsprechend. Wenn man *weiß*, welchen Spalt das einzelne Elektron durchläuft, dann sieht das Muster der Wellenüberlagerung am Detektor (Aufprallschirm) anders aus, als wenn man darüber nichts weiß.

> Bei *Interferenzexperimenten* (Untersuchung der Wellenüberlagerungen) mit Photonen oder Elektronen wird das Interferenzmuster zerstört, sobald man *weiß*, welchen Weg der Versuchsanordnung mit diversen Spiegeln die Photonen genommen haben. Versucht man Photonen oder Elektronen zu „überlisten", korrigieren sie sogar nachträglich ihre Entscheidung.

> Das *Pauli-Prinzip* begrenzt die Fähigkeit von Atomen und Molekülen, Elektronen aufzunehmen. Elektronen scheinen zu *wissen*, wohin sie gehören und wohin nicht. Das Pauli-Prinzip ist *Grundlage und Voraussetzung für die Entstehung von Materie* und den Bestand der gesamten sichtbaren Ordnung des Universums.

Diese und alle anderen bereits angesprochenen Erkenntnisse der Quantenphysik berechtigen zu Folgerungen, die *Lothar Schäfer* so formuliert hat:

„Wenn *das Universum nichtlokal (ort-und zeitlos)* ist, dann müssen wir erwarten, *dass wir ein Teil seines Netzwerkes sind.*

Wenn *der Hintergrund des Universums die Natur eines Bewusstseins* hat, dann müssen wir erwarten, *dass es mit unserem Bewusstsein in Verbindung steht.* **Wenn ein geistiges Prinzip im Universum am Werk ist,** dann ist natürlicherweise **das Ich seine Fortsetzung.**" Schäfer zeigt sich fasziniert von der Fähigkeit des menschlichen Geistes, empirische Begriffe lange vor dem Nachweis ihrer Richtigkeit vorauszuahnen: *Anaximanders* „Apeiron" (der ungeformte *Weltstoff), Demokrits* Atomtheorie, die Quantenzahlen des *Pythagoras,* das ‚*Eine*' des *Parmenides, Platons* Atome als mathematische Formen und die „Potentia" *des Aristoteles* (Schäfer S. 130).

Seele und transzendente Existenz

Wenn es stimmt, was die quantenphysikalischen Erkenntnisse nahelegen, dass im Universum ein geistiges Prinzip vorherrscht und dessen Fortsetzung *das personale Ich* mit Leib und Seele ist, hervorgegangen aus der von Gott erdachten Quantenwirklichkeit, dann ist die Frage nicht abwegig, ob die moderne Physik auch etwas über die Möglichkeit des Fortbestands der Seele nach dem physischen Ende ihres Körpers aussagen kann. Das Wort Seele ist ja längst in den alltäglichen Sprachgebrauch vorgedrungen: Seelenmensch, Seelenverwandter, Seelentröster, Seelenfänger, „mal die Seele baumeln lassen" sind Beispiele dafür. Esoteriker haben die Seele sogar als Geschäftsmodell entdeckt und bieten „Seelenmassagen" oder „Seelenkunde" an und bedienen damit den spirituellen Ego-Trip.

Die Philosophie ringt schon im griechischen Altertum um eine gültige Definition des Begriffes: *Homer (8. Jh. v. Chr.)*

glaubte, dass die Seele von außen in den Menschen eindringt und im Tode wieder entweicht. Der materialistisch denkende *Epikur (gestorben 270 v. Chr.)* war überzeugt, dass die Seele mit dem Körper zugleich stirbt. Und *Platon (gestorben 347 v. Chr.)* sah die Seele zweigeteilt: Ihr Großteil sei unsterblich, ein kleiner Teil, der für die Begierden zuständige, müsse mit dem Körper wieder vergehen.

Sein Schüler *Aristoteles (gestorben 322 v. Chr.)* vertiefte diese Auffassung von der Seele. Seele ist für ihn *eine geistig wirkende Größe, die das Materielle gestaltet* und als denkendes Subjekt in begrenzter Weise *Teilhaber an der Wirklichkeit Gottes* ist und somit unsterblich sei. Die Seele als geistiges Prinzip, die das Materielle gestaltet. Hat Aristoteles hier, wie schon andere, etwas vorausgeahnt, über das nun auch die moderne Physik etwas aussagen kann? Jedenfalls überrascht es nicht, dass das aristotelische Denken von den mittelalterlichen Theologen aufgegriffen wurde, nachdem ihnen das griechische Schrifttum über die spanischen Araber zugänglich geworden war. Der bedeutendste Vertreter war *Thomas von Aquin (gestorben 1274)*. Auf der Basis von Aristoteles' Seelen-Philosophie, deren innere Verwandtschaft mit den Aussagen der Bibel er erkannte, entwickelte er eine Seelen-Lehre, die zum Gemeingut im katholischen Glauben wurde.

Sie ergab sich aus den Überlegungen, *„dass eine von Gott geschaffene echte Wirklichkeit nie einfach untergeht*, sondern allenfalls *zu einer neuen Existenzweise verwandelt wird*. Sie ergab sich ferner aus der Überzeugung, dass die Seele als geistig-personales Seinsprinzip dem bloß Materiellen *eigenständig* (was nicht heißt: *unabhängig*) gegenübersteht und nicht nur ein Bestandteil am Materiellen ist; sodass sie nicht einfach mit einer bestimmten Erscheinungsform des Materiellen (zum Beispiel dem Gehirn) identisch wäre und mit dieser zusammen vergehen würde. ... *Die Individualität eines Menschen hört bei Gott nicht auf zu existieren.* Daher spricht die christliche Lehre der Seele Unsterblichkeit zu. Sie wird in der neueren Theologie *nicht als ein 'Weiterleben' in der gleichen Art wie im früheren Leben* gedacht. Vielmehr wird diese **Unsterblichkeit als überzeitliche Vollendung** dessen verstanden, was im irdischen Leben vielleicht nur keimhaft angelegt, vielleicht in fragmentarischen Freiheitsentscheidungen nur begonnen war" (*H. Vorgrimmler, S. 34*).

So weit die Aussagen eines Theologen zum Weiterleben der Seele nach dem Tode.

Die Vorstellung, so *Herbert Vorgrimmler*, dass die Seele im Tode den Körper verlässt, werfe allerdings die Frage auf, „*wie* denn eine auf sich gestellte Seele für sich allein fortbestehen könne" (a.a.O). Für die klassische Physik ist diese Frage belanglos. Das Universum ist ihr zufolge, wie schon öfters betont, ein in sich abgeschlossenes Ganzes mit ewig unveränderlichen Gesetzen, aus dem es kein Entrinnen gibt. Der Dualismus von Körper und Seele scheint im Lichte dieser Logik in einer Sackgasse zu stecken und den Materialisten recht zu geben, für die mit dem Tod des Menschen auch dessen Seele stirbt, da alles Geistige lediglich eine Erscheinungsform der Materie sei und mit ihr zugrunde gehe. Wer das anders sehe, mache sich nur etwas vor.

Die moderne Physik widerspricht diesem mechanistisch-materialistischen Weltbild. Auch und gerade im Blick auf das Geistige lassen die Erkenntnisse der Quantenphysik entgegengesetzte Schlüsse zu. Sie besagen, dass eine Trennung von Geist und Materie, von Gehirn und Bewusstsein nach dem Eintreten des Todes durchaus gedacht werden kann. Ebenso wie der Übertritt der Geistseele – *angesichts der allgegenwärtigen Quantenwirklichkeit* – in ein transzendentes, unvergängliches Sein, aus dem sie als Gottes Geschöpf hervorgegangen ist.

Um die Mitte des letzten Jahrhunderts entwickelten zwei bedeutende Naturwissenschaftler und Nobelpreisträger der Medizin die **dualistische Wechselwirkungstheorie von Geist und Körper**: *Charles Scott Sherrington* (gestorben 1952) und **John C. Eccles** (gestorben 1997). Eccles erhielt den Nobelpreis für seine Arbeit an den Synapsen, einer Kluft zwischen den Gehirnzellen von wenig mehr als einem Millionstel Zentimeter. In diesem winzigen Spalt agieren die sog. *Neurotransmitter*, die auf molekularer Ebene Nachrichten an die Zelle übergeben, sie blockieren oder auch ändern. Sie werden wegen ihrer enormen Bedeutung für die Gehirnfunktion von manchen sogar als „Gott in den Synapsen" bezeichnet.

Aufgrund seiner langjährigen Untersuchungen und Analysen kam Eccles zu der Überzeugung, dass **Materie unfähig sei, geistige Phänomene hervorzubringen**. Aus wissenschaftlicher Sicht sei die materialistische Auffassung abzulehnen, dass das menschliche Bewusstsein ein Produkt der Materie sei. Nur eine geistige (spirituelle) Wirklichkeit sei in der Lage, geistige Phänomene zu erschaffen.

Immaterieller Geist und materielles Gehirn seien getrennt von einander und unabhängig, können sich aber über einen Grenzbereich im Gehirn – dem *Verbindungsgehirn* – beeinflussen. Und dies allein durch den Fluss von Information und *ohne Energieaustausch.* „Es stellt sich letztlich heraus, *dass Information ein wesentlicher Grundbaustein der Welt ist.* Wir müssen uns von dem naiven Realismus verabschieden, nach dem die Welt an sich existiert, ohne unser Zutun und unabhängig von unserer Beobachtung", sagt der renommierte Wiener Quantenphysiker *Anton Zeilinger.* Er und sein Kollege *Markus Aspelmeyer* lieferten mit einem Aufsehen erregenden Photonen-Experiment den Nachweis, dass die Quantentheorie in dem Sinne richtig ist, „*dass Messung die Realität erzeugt*" und dass „*die Realität nicht existiert, wenn wir sie nicht beobachten*" (Haisch, S. 182). „*Es gibt keine Materie*" lautet demgemäß der Titel eines Buches von *Hans-Peter Dürr,* langjähriger Wegbegleiter von *Werner Heisenberg* und Direktor des Max-Planck-Instituts in München.

Im Sinne der klassischen Physik eine irreale Vorstellung; in der Quantenphysik aber ein experimentell nachweisbares Faktum. „In der Quantenwelt (ist) das Geistige und das Zerebrale – *das Bewusstseinsartige und das Masseartige – nicht mehr hartnäckig voneinander getrennt,* sondern *stehen auf natürliche Weise und intim miteinander in Wechselwirkung,* wobei das Stoffliche bewusstseinsartigen Zuständen zu entspringen scheint. *In informationsempfindlichen Systemen ist keine Energieübertragung nötig, um makroskopisch sichtbare Wirkungen hervorzurufen.* Wenn physikalisch-energetische Phänomene nur durch den Fluss von Informationen ursächlich beeinflusst werden können, dann ist die Annahme nicht mehr so unwahrscheinlich, dass auch Geist in dualistischer Wechselwirkung materielle Systeme ohne Hilfe von raumzeit-energetischen Faktoren beeinflussen kann. *Wenn die Grundlage der Welt nichtmateriell und bewusstseinsartig ist, dann steht die*

Annahme eines von einer materiellen Struktur unabhängigen Geistes nicht länger im Gegensatz zur kosmischen Ordnung" (Schäfer, S. 75). Ausgehend von dieser quantenphysikalisch fundierten Erkenntnis eines energie-und masselosen Geistes folgerte Eccles, *dass die Hoffnung auf ein Fortleben der Seele nach dem Tode mehr ist als das Wunschdenken* eines um seine Existenz bangenden Individuums. Dass vielmehr „die Bedingungen der Möglichkeit" (Kant) auch aus Sicht der modernen Physik in erstaunlicher Weise gegeben sind.

Dem gegenüber halten Biologen und Neurologen der Gegenwart offenbar unbeirrt an der mechanistischen Weltsicht fest, dass alle Erscheinungen des Lebens wie des Geistes mit den Gesetzen der Physik und Chemie erklärt werden können. Unreflektiert sonnen sie sich im Glanze ihrer unbestreitbaren Erfolge und halten es für selbstverständlich, dass auch alles Lebendige durch Gesetze erklärt werden kann, die für die leblose Materie gelten.

„Das ist einfach Unsinn", schrieb schon im letzten Jahrhundert der namhafte Physikochemiker *Michael Polanyi (gestorben 1976)*. „Die auffallendste Eigenschaft unserer Existenz ist unsere Empfindungskraft. Die Gesetze der Physik und Chemie enthalten aber keine Vorstellung von Empfindung, und jedes völlig durch sie bestimmte System muss empfindungslos sein" (id. S. 66). Eccles, der auch heute noch als eine der großen Autoritäten auf dem Gebiet der Gehirnforschung gilt, war überzeugt, dass der menschliche Geist – unser „Ich bin" – eine Manifestation der Seele ist und in einer „God based reality", in einer göttlichen Dimension existiert. Die echten Qualitäten des Menschen seien nicht nur sein Gehirn und seine Intelligenz, sondern auch seine Kreativität und Vorstellungskraft. Mit großer Entschiedenheit vertritt er den Standpunkt, *„dass das menschliche Mysterium durch den wissenschaftlichen Reduktionismus* (materialistische Weltdeutung) und seine verheißungsvolle Behauptung, letztlich die gesamte spirituelle Welt über die Muster neuronaler Aktivität erfassen zu können, *unglaublich herabgewürdigt wird.* ... Wir müssen erkennen, dass wir sowohl spirituelle Wesen sind mit Seelen, die in einer geistigen Welt existieren, als auch materielle Wesen mit Körper und Gehirn, die in einer materiellen Welt leben." Für Eccles gab es deshalb zwei Gewissheiten: Die Einzigartigkeit (Unwiederholbarkeit) des Menschen in seiner Körperlichkeit und *die spirituelle Existenz seiner unsterblichen Seele.*

Die mechanistische Weltsicht in Newtons Uhrwerk-Universum „führt zu einer Ablehnung oder Abwertung von allem, was im Leben Bedeutung hat. ... Ein großes Geheimnis liegt in unserer Existenz und in unseren Erfahrungen im Leben, das nicht mit materialistischen Begriffen erklärt werden kann. Dieser Rest ist über allem anderen der höchste Wert in unserer Welt", schrieb Eccles 1979 (zitiert nach L. Schäfer, S. 75). Menschliche Ideale und Werte sind eben nicht nur Illusionen und „Störfaktoren in einer anderweitig wohlgeordneten und berechenbaren Welt. In Wirklichkeit sind sie ein Teil des großen Mysteriums unserer Existenz."

Eccles hat erst am Ende seiner wissenschaftlichen Laufbahn die Erkenntnisse der Quantenphysik für seine Argumentation in Anspruch genommen. Nicht im Sinne eines naturwissenschaftlichen Beweises; sondern als bedeutsamen Beitrag zur Überwindung des vorherrschenden, viel zu kurz greifenden

Reduktionismus, dem ein materialistisch-mechanistisches Denken zugrunde liegt. Eccles war, wie sich bald zeigte, seiner Zeit voraus. Die Auseinandersetzung mit den weltanschaulichen Fragen, die die Quantenphysik aufwarf, begann erst 1982 mit dem Erscheinen von *Fritjof Capras* Buch *Wendezeit*. Seine Gedanken wurden zunächst von Esoterikern (New Age!) aufgegriffen. Aber letztlich kommt Capra das Verdienst zu, die Befunde der Quantenphysik einer breiten Öffentlichkeit weltweit zugänglich gemacht zu haben; allerdings teils verbunden mit esoterischen Tendenzen.

Der endgültige Durchbruch erfolgte 1993 mit dem inzwischen zum Klassiker gewordenen Buch von *Amit Goswami „Das bewusste Universum"*. Namhafte Physiker in den USA und England sorgten seitdem mit auch für Laien verständlichen Veröffentlichungen dafür, dass die Quantentheorie als „ein am schwierigsten zu verstehender Gegenstand" (*Paul Davies*) ein neugierig interessiertes Publikum fand; mit einer ganzen Reihe weiterer Publikationen auch im deutschsprachigen Raum. Erwähnenswert ist insbesondere die gut verständliche Einführung in die Thematik durch die Brüder *Michael und Anselm Grün*. Physiker der eine, bekannter Theologe und Autor der andere. Der Titel ihres Buches: „Zwei Seiten einer Medaille. Gott und die Quantenphysik."

Als hätten sie etwas zu verlieren oder zu befürchten, ignorieren Entwicklungsbiologen und Neurologen die Erkenntnisse der Quantenphysik in ihrer Arbeit. Mit der Begründung, dass Befunde aus der Mikrophysik in der Makrophysik keine Gültigkeit hätten. Als wären Atome und Moleküle nicht auch die Grundlage aller sichtbaren Dinge und Teil der gesamten

Daseinswirklichkeit! Das erinnert ein bisschen an die Schwierigkeiten, die auch die Anerkennung des heliozentrischen Weltsystems im 16. und 17. Jahrhundert hatte. Im Fall *Galilei* stellten sich zunächst kirchliche Amtsträger aus theologischen Gründen quer. Im Falle der Quantenphysik ist es eine Wissenschaft selber, die eigentlich ein besonderes Interesse an ihr haben sollte. An anderer Stelle ist bereits einiges dazu gesagt worden.

Lassen wir zum Schluss einen zu seiner Zeit sehr geschätzten deutschen Dichter des vergangenen Jahrhunderts zu Wort kommen: *Christian Morgenstern.* Ohne die Erkenntnisse der modernen Physik brachte er zum Ausdruck, was auch das Ergebnis unserer hier vorgetragenen Gedanken ist: *„Der Körper ist der Übersetzer der Seele ins Sichtbare.“* Das Primäre ist also die Seele. Die Quantenphysik geht aber noch einen Schritt weiter, indem sie die Möglichkeit eines überzeitlichen Seins der Seele als Teil eines von Gott ausgehenden allumfassenden Bewusstseins aufzeigt. Und damit kompatibel ist mit dem, was die Offenbarungsreligionen verkünden und die Menschen seit frühester Zeit geglaubt haben.

Schlussbetrachtung

In den vorstehenden Darlegungen haben wir bereits auf wesentliche Unterschiede der Weltbilder der alten, *klassischen Physik* und der *modernen Physik* hingewiesen. Aber wenig bisher auf die Auswirkungen, die das von Newton physikalisch und Descartes philosophisch geprägte Weltbild über drei Jahrhunderte auf die Menschen ausübte, vor allem auf jene, die mit den Wissenschaften befasst und vertraut waren. Ihnen wurde vermittelt, **dass alles im Universum auf die Bewegung von Masseteilchen reduziert werden könne**; dass das Universum wie ein Uhrwerk und die Natur wie eine Maschine funktioniere und unser Gehirn nichts weiter sei als eine riesige Ansammlung von Neuronen.

Die technischen Erfolge der klassischen Physik und Darwins Behauptung, einen schlüssigen Mechanismus für die Entwicklung des Lebens und unserer Existenz gefunden zu haben, führten bei nicht wenigen zu einer Weltsicht, der zufolge alle Aspekte des menschlichen Daseins – auch unsere Fähigkeit zu lieben, zu hoffen und zu glauben – nichts anderes seien als Nebenprodukte der Aktivitäten von Masseteilchen. *„Sein bedeutet Stoff sein"*, schrieb Margenau, und selbst **unser Bewusstsein sei lediglich ein Nebenprodukt der Gehirnchemie.** „Sie, Ihre Freuden und Leiden, Ihre Erinnerungen, Ihre Ziele, Ihr Sinn für Ihre eigene Identität und Willensfreiheit – bei alldem handelt es sich in Wirklichkeit nur um das Verhalten einer riesigen Ansammlung von Nervenzellen und dazugehörigen Molekülen. ... Sie sind nichts weiter als ein Haufen Neuronen", schrieb *Francis Crick* in seinem Buch *Was die Seele wirklich ist.*

Dem steht die Tatsache entgegen, dass keiner der forschenden Neurologen eine Idee hat, wie Bewusstsein und Geist sich aus Materie ableiten (vgl. Goswami, S. 37). Weil Materie und Geist prinzipiell unterschiedliche Seinsformen sind, und wie die Quantenphysik nahelegt, die Materie umgekehrt als ein Produkt des Geistes zu verstehen ist.

Ganz im Sinne des materialistischen Weltbildes empfahl der französische Nobelpreisträger für Medizin von 1965, *Jacques Monod*, dass der Mensch endlich aus seinem jahrtausendealten Traum erwachen und seine völlige Einsamkeit und Isolierung entdecken müsse. „Er muss begreifen, dass er wie ein Zigeuner am Rande einer fremden Welt lebt; einer Welt, die taub ist für seine Musik und die seinen Hoffnungen genauso gleichgültig gegenübersteht wie seinen Leiden und seinen Verbrechen." Schon hundert Jahre vor ihm schrieb *Friedrich Nietzsche (1844-1900),* der Verkünder des Todes Gottes und des heraufziehenden europäischen Nihilismus, ahnungsvoll: *„Das Innerste der Welt ist Einsamkeit."* Eine erschütternd trostlose Beschreibung des Lebensgefühls in einer Welt ohne Gott. Obwohl dieser, aus der klassischen Physik hervorgegangenen Weltanschauung inzwischen durch die Quantenphysik der Boden entzogen ist, wird die materialistische Deutung der Wirklichkeit noch weithin akzeptiert. *„Wir denken, wir seien wissenschaftlich, sind es aber nicht",* sagt der angesehene amerikanische Physikprofessor *Amit Goswami*. Die Folgen, die sich aus diesem nicht hinterfragten Materialismus ergeben, sind tiefgreifend und führen die westlichen, säkularisierten Gesellschaften zunehmend in die Krise. Dazu einige relevante Aspekte:

> *Die mechanistische Weltsicht zerstörte die Basis für die Möglichkeit einer göttlichen Wirklichkeit.* Gott wurde zu einer „entbehrlichen Hypothese", wie *Laplace* es gegenüber Napoleon ausgedrückt haben soll.

> In der Natur, so heißt es, gäbe es *keine transzendenten Elemente. Lebewesen sind nichts weiter als chemische Maschinen.* Blinder Zufall „und nichts als der Zufall und die blinde Freiheit" (Monod) kann zu allem führen, sogar zum Sehvermögen. Demgegenüber hielt Darwin selber noch den Gedanken, dass das Auge durch Evolution entstehen konnte, für absurd.

> „Der materialistische Realismus konfrontiert uns mit einem *Universum, das ohne spirituelle Bedeutung ist*: mechanisch, leer und einsam" (Goswami, S. 31). Und setzt sich damit über alle Religionen und Theologien hinweg, die der Realität neben der materiellen Komponente auch eine spirituelle Komponente zuschreiben.

> Das Gefühl, „als Zigeuner am Rande des Universums zu existieren, das unseren Freuden und Leiden gleichgültig gegenübersteht, untergräbt unseren Ansporn, eine andere Perspektive einzunehmen. ... Als Ausgestoßene haben wir keine andere Wahl, und *unser freier Wille ist nur Einbildung*" (Goswami). An die Stelle verbindlicher Normen tritt das Recht des Stärkeren. „Normen setzt derjenige, der die politische Macht dazu hat" (Nietzsche). Die Diskussionen über Abtreibung und Beihilfe zum Suizid weisen in diese Richtung. Wir machen uns zunehmend zu Herren über Leben und Tod.

> Den *materiellen Segnungen steht eine geistige Verarmung* gegenüber, stellte schon Mutter Teresa bei einem ihrer Besuche in den USA fest. Der Materialismus zeitigt zunehmend Symptome krankmachender Perspektivlosigkeit und Übersättigung: Phobien aller Art, Sinnkrisen, psychische Erkrankungen, exzessive Kriminalität, Alkohol- und Drogenabhängigkeit und ausschweifendes Sexualverhalten.

> *Wir sind immer weniger imstande, selbst die elementarsten Lehren der Religion überzeugend umzusetzen.* Wie den liebevollen Umgang mit unseren Mitmenschen im Alltag. Was gegenwärtig als *Verrohung der Gesellschaft* bezeichnet wird. Der *Mangel an Empathie* in weiten Kreisen der Bevölkerung ist im Zuge der Asylkrise in Europa und den USA sichtbar geworden. Das Eigene zu bewahren ist oberstes Gebot. Anderseits sind die säkular-liberalen Demokratien immer weniger imstande, den überzogenen Ansprüchen derer zu begegnen, für die „Freiheit" etwas ist, das keine Verantwortung mehr kennt wie im Falle von Abtreibung und Sterbehilfe.

> Überdies entwertet ein umsichgreifender **Relativismus** vorhandene *ethische Normen und Traditionen*. Geschichtliche Ereignisse wie etwa der Faschismus linker und rechtsextremer Prägung (Kommunismus und Nationalsozialismus) werden verharmlost; und selbst der GULAG (ein Netz von Strafarbeitslagern in Sibirien bis in die 60er Jahre) oder der Holocaust wird bald nur noch als bedauerliches Vorkommnis gewertet werden, die Ungeheuerlichkeit des Ausrottungswillens nicht mehr gesehen.

> Der Relativismus ist zudem ein idealer Nährboden für die **Umdeutung und Verfälschung von Begriffen** und für die *Verbreitung von Halbwahrheiten und Lügen.* Genauso wie für die Entstehung und Verbreitung von Verschwörungstheorien aller Art. Ein Ringen um die Erkenntnis der Wahrheit findet nicht mehr statt, weil sie freiheitsgefährdend sei, wie es heißt. Jeder hält sein begrenztes Wissen für die Wahrheit. Die viel beklagte Folge: **Eine Spaltung und Zersplitterung der Gesellschaft.** Nicht nur in den USA und Großbritannien.

> Mit dem **Verlust der von der Religion verkündeten Eschatologie**, d. h. der Erwartung einer künftigen Welt, konzentriert sich alles darauf, aus diesem Leben möglichst viel herauszuholen. Denn der Tod bedeutet ja den Sturz ins absolute Nichts. Opferbereitschaft, Verzicht und Bindungsbereitschaft werden zu Tugenden von gestern. An deren Stelle tritt ein ausgeprägtes Anspruchsdenken und ein Kreisen um sich selbst. Manche Soziologen meinen, **wir seien auf dem Weg in eine Gesellschaft der Ich-linge.** Wehe einer Partei, die bestimmten Erwartungen nicht Rechnung trägt oder gar Abstriche in ihr Programm aufnimmt! Ohne eschatologische Perspektive werden wir anfällig für Zukunftsängste, Vereinnahmung durch den jeweiligen Zeitgeist, Verschwörungstheorien und Glücksversprechen aller Art. Ohne jenseitige Perspektive haben wir nichts mehr, was uns in den Wechselfällen des Lebens entlastet, schon gar nicht gegen den jederzeit möglichen Tod. Angst wird unterschwellig Bestandteil unseres Lebensgefühls. Die viel zitierte *„German Angst"* wird nicht länger nur auf Deutschland beschränkt bleiben.

Die hier aufgeführten Befunde sind sicherlich unterschiedlich zu gewichten. Aber ihr Zusammenspiel könnte ausreichen, um freiheitliche Gemeinwesen ernsthaft in Gefahr zu bringen. Wer im materiellen Bereich glaubt zu kurz gekommen zu sein, könnte – um nicht an der Sinnlosigkeit seines Daseins zu verzweifeln – dazu neigen, seinen Staat und seine freiheitliche Grundordnung im Namen der Gerechtigkeit zu bekämpfen. Ideologisch verbrämt am Ende auch mit den Mitteln der Gewalt. Das 20. Jahrhundert war geprägt davon und sollte uns warnen. „Geschichte ist nie etwas Vergangenes, sondern auch Gegenwart und Zukunft", mahnte schon im letzten Jahrhundert der große Kämpfer für Demokratie, *Fritz Bauer.* Wie recht er damit hatte! Wir müssen endlich mehr tun als Hass, Gewalt und Intoleranz nur mit Appellen zu begegnen. Das gleicht dem Versuch, eine Krankheit durch Bekämpfung der Symptome heilen zu wollen anstatt die ihr zugrunde liegenden Ursachen anzugehen. Es dürfte wenig bewirken bei denen, die es in erster Linie betrifft: Etwa die Hooligans auf den Stadiontribünen, die Hatemail- und Lügenverbreiter im Internet oder die Mobber in Schulen und Betrieben. Und nicht zuletzt die zu Gewalt bereiten Kräfte im links- und rechtsextremen Spektrum unserer Gesellschaft.

Etwas Grundsätzliches müsste geschehen

Es müsste, wie ich meine, etwas Grundsätzliches geschehen: *Ein Wandel unseres Bewusstseins.* Herbeigeführt durch *ein Weltbild, in dem Gott und die Naturwissenschaft wieder einen gemeinsamen Platz einnehmen.* Weil sie die beiden Seiten der gleichen Medaille sind und in der abendländischen Geschichte bis ins 18. Jahrhundert hinein auch immer waren, bis manche Aufklärer und Philosophen uns etwas anderes sagten.

Inzwischen sind die Voraussetzungen für ein solches Umdenken durchaus gegeben. Die Impulse dazu werden im westlichen Europa fürs Erste eher nicht vom Christentum ausgehen, das in sich gespalten ist und allerhand Diskreditierungen ausgesetzt ist. Impulse hierzu kommen von der modernen Physik. Sie hat uns in den Quantenphänomenen „ein Fenster in eine andere Welt geöffnet, wo das Geistige frei von Materie existieren kann und ein triumphales Gefühl der Freude und Freiheit vermittelt. Der Freiheit von den Fesseln der Materie und die Begeisterung, Teil eines Universums zu sein, das ständig das Unvorhersehbare und Unerklärliche ins Sein springen lässt" (Schäfer, S. 67). Und damit auch die Hoffnung auf ein überzeitliches Sein bestärkt, aus dem wir hervorgegangen sind und in das wir am Ende unserer Tage zurückkehren. *Die Menschen aller Zeiten hatten diese eschatologische Erwartung.* Erst uns Kindern eines materialistischen Zeitalters, das die Transparenz zu Gott hin ausschließt, ist diese Sicht genommen worden. Weil für uns nur noch das experimentell Überprüfbare als wahr und wirklich gilt. Selbst in der kirchlichen Verkündigung ist der Auferstehungsglaube, der die Menschen über die Jahrhunderte im Leben und Sterben getragen und getröstet hat, in den Hintergrund getreten, obwohl Kreuz und Auferstehung das Kernstück der christlichen Botschaft sind. Selbst unter kirchentreuen Christen ist, einer Umfrage zufolge, nur noch jeder Vierte überzeugt von einem Fortleben nach dem Tode. Vielleicht auch deshalb, weil uns in unserer Wohlstandsgesellschaft die Grundfragen unserer Existenz kaum mehr oder nur oberflächlich beschäftigen: *Die Frage*

nach dem Woher und Wohin und nach dem Sinn unseres Daseins.
Daran wird auch die Corona-Krise wenig ändern. Ganze 11 %
der Menschen machen sich Gedanken darüber, was nach unserem Tode geschehen wird.

Spirituelle Defizite

Die grassierende Entchristlichung der westlichen Gesellschaften wird Spuren hinterlassen, nicht zuletzt auch *ein spirituelles
Vakuum.* Neben einer wachsenden Zahl von Suchenden werden wir zunehmend zu einem Volk von *atheisierenden Agnostikern,* d. h. von Menschen, die einerseits die Frage nach Gott
gleichsam offenhalten möchten, anderseits aber so leben und
sich verhalten, als ob es Gott nicht gäbe. Ihnen muss gesagt
werden, dass der Agnostizismus nur in der Theorie, nicht aber
in der Lebenspraxis durchzuhalten ist. Und dass eine Transzendenz offenkundig nicht länger geleugnet werden kann, hinter
der sich, wie die Vernunft uns sagt, ein allweiser, allmächtiger Gott verbirgt, der um der Freiheit seiner Geschöpfe willen
sich in die Verborgenheit zurücknimmt. Mit Ausnahme seiner
Offenbarung durch Jesus Christus und indem er die Wunder
und die Schönheit seiner Werke für sich sprechen lässt, die ver-
mittels eines unendlich komplexen Beziehungsgeflechts von
Quantenwellen ins Dasein gerufen und im Dasein gehalten
werden. „Gottes Denken ist ein Erschaffen. Die Dinge sind,
weil sie gedacht sind. ... Alles Sein ist Gedachtsein, Gedanke
des absoluten Geistes. Da *alles Sein Gedachtsein ist*, ist alles
Sein Sinn, Logos, Wahrheit. ... Der Mensch kann dem Logos,
dem Sinn des Seins, nachdenken, weil sein eigener Logos, *seine*

Vernunft, Gedanke des Urgedankens ist, des Schöpfers, der das Sein durchwaltet" (Ratzinger, S. 53). Die Welt der Quanten, in der die Ordnung der Welt *vorgeformt* ist, ist seine Weise der Allgegenwart. „Die *actualitas divina,* ... die nicht Substanzen, sondern nichts als 'Wellen' sind und darin ganz die Fülle des Seins bilden kann." Mit Aussagen wie diesen würdigte Josef Ratzinger schon in seiner Zeit als Professor in Tübingen Mitte der 60er Jahre die Erkenntnis *Erwin Schrödingers,* **dass die Struktur der Materie aus Wellenpaketen besteht,** *„aus dem Bewegungsgefüge sich überlagernder Wellen resultiert"* (Ratzinger, S. 62). Was der Theologe Ratzinger als erregendes Gleichnis für „das schlechthinnige Akt-Sein" (Anm. schöpferisches Tätigsein) Gottes bezeichnete.

Darüber, wie *Gott ist, kann uns die Physik allerdings nichts sagen.* Letztlich auch nicht die Weisen dieser Welt. Das erkannte schon vor bald zweieinhalb Jahrtausenden der große griechische Philosoph *Platon* (427-347 v. Chr.). *Das könne, wie er meinte, nur ein sich selbst offenbarender Gott.* So geschehen durch die Menschwerdung seines Sohnes *Jesus Christus,* der uns Gott als liebenden Vater seines Geschöpfes Mensch geoffenbart und uns das *Vater Unser* gelehrt hat, das weltweit von etwa zwei Milliarden Menschen unterschiedlicher Konfessionen gebetet wird.

Der in England durch seine Bücher weithin bekannte Physiker *Paul Davies* ist zwar der Meinung, *dass die Naturwissenschaft einen sichereren Weg zu Gott biete als Religion (Paul Davies,* Gott und die moderne Physik, S. 15). Der Professor für theoretische Physik schränkt jedoch vernünftigerweise ein, dass sich sein Wissen eines Tages als falsch erweisen könnte. Und somit auch sein Gottesglauben ins Wanken geriete? Gerade seine Wissenschaft versteigt sich in immer abstraktere Theorien – zum Beispiel die Multiversums- und Stringtheorie – ohne auch nur eine einzige dieser Hypothesen verifizieren zu können. Und dies prinzipiell nicht, sofern man die strengen Kriterien der Wissenschaftlichkeit anwendet, die experimentell überprüfbare Ergebnisse verlangt.

Anders die Quantenphysik. Ihre Aussagen über die Natur alles Wirklichen beruhen auf Befunden beliebig oft wiederholbarer Experimente. Eine Voraussetzung für den Anspruch auf Wissenschaftlichkeit. Die Beschreibung des Doppelspalt-Experiments sowie der experimentelle Nachweis der Ort-und Zeitlosigkeit von Quanten sind zwei besonders eindrucksvolle und auch von Laien nachvollziehbare Beispiele.

Nachholbedarf bei Biologen und Theologen

Die zeitgenössische Physik ist inzwischen auch zunehmend bereit, wesentlich unbeobachtbare Faktoren zur Erklärung der Wirklichkeit zuzulassen. Dazu gehört die Quantenwirklichkeit, die sich nur durch ihre Auswirkungen zu erkennen gibt (Schäfer, S. 65 f.). Der deutsch-amerikanische Astrophysiker *Bernard Haisch* ist der Meinung, dass auch „außerhalb der heiligen Hallen der akademischen Welt das Gefühl in der Luft liegt, dass ein fundamentaler Bewusstseinswandel einsetzt" (Haisch, S. 202). Er müsste es wissen, da er sowohl an deutschen als auch an amerikanischen Forschungseinrichtungen gearbeitet und sich mit über 130 Publikationen einen Namen gemacht hat.

In anderen Bereichen der Wissenschaft glaubt *Lothar Schäfer,* Professor für angewandte Quantenchemie, **ein quantenphysikalisches Analphabetentum** ausmachen zu können. Er hält es für inakzeptabel, dass unsere wissenschaftlichen Eliten an den Universitäten sich entweder gar nicht mit der Quantenphysik befassen oder diese als nur als für den Mikrokosmos geltend abtun. Ein fundamentaler Irrtum, sagt *Bernard Haisch.* Da alles Seiende aus Atomen besteht, gelten die Erkenntnisse generell, im Bereich des Kleinsten wie des Größten, vermutlich sogar im Prozess der Entstehung des Universums, dem Urknall vor über dreizehn Milliarden Jahren.

Diese Abwehrhaltung *ist auch noch immer in den Lebenswissenschaften* zu verzeichnen, speziell der Evolutionsbiologie. Wir haben das in einem eigenen Kapitel des Buches zur Sprache gebracht. Da wird immer noch darauf beharrt, dass *Zufall und Notwendigkeit,* „nichts als der Zufall und die blinde Freiheit" (Monod), die Entwicklung vom ersten Einzeller – *das Leben ist genetisch nachweislich aus einer einzigen ersten Zelle hervorgegangen* – bis hin zum Menschen der kreative Faktor war, indem Mutation und natürliche Auslese die Genstrukturen fortentwickelten. Inzwischen ist davon auszugehen, **dass die sichtbare Wirklichkeit der Ausdruck einer tieferen, vorausgedachten Ordnung**, nämlich **der Ordnung der Quantenwirklichkeit** ist. Jede Veränderung von Genen sind die Effekte von Quantenzuständen und Quantensprüngen. Nicht der statistische Zufall schafft Neues; vielmehr geht das Neue aus den Möglichkeiten hervor, die in der Quantenwelt bereits angelegt sind.

Seit der Entschlüsselung des menschlichen Genoms glaubt die Biologie, die Physik als Königsdisziplin abgelöst zu haben. Ein epochaler Irrtum, wenn man bedenkt, dass die aktuelle Biologie immer noch in den Kategorien des überholten materialistischen Weltbildes denkt, welches das Universum als ein in sich abgeschlossenes Ganzes mit ewig unveränderlichen Gesetzen betrachtet; an die Gott, sofern er denn existiert, selber gebunden sei und somit gar nicht in der Lage, in das uhrwerkartig ablaufende Weltgeschehen einzugreifen. Aber genau dies kann er, *weil sein schöpfungsmächtiger Geist in der Welt der Quanten gegenwärtig ist und die sichtbare Welt durch ihn jeden Augenblick im Dasein gehalten wird.* Die Welt der Quanten ist nicht Gott selber im Sinne pantheistischer Vorstellungen, sondern die *secunda causa*, die Zweitursache, hinter der sich sein schöpferischer Geist in demütiger Weise verbirgt, so als geschehe alles gleichsam von selbst. Womit er seinem mit Vernunft begabten Geschöpf Mensch die Freiheit ermöglicht, an ihn zu glauben und ihn in der Schönheit seiner Werke zu erkennen und zu lieben; oder aber, entgegen aller Vernunft, sich gegen ihn zu entscheiden.

Schlimm genug, dass ausgerechnet die Biologen am mechanistisch-materialistischen Weltbild festhalten. Schlimmer noch, dass *auch neuzeitliche Theologen* in der Sorge um ihr Ansehen als Wissenschaftler meinten, die Geschehnisse um Jesus Christus, dem mit Gott wesensgleichen „Menschensohn", dem Maß verabsolutierter menschlicher Vernunft unterwerfen zu müssen. So wurde vieles Wundersame, der Vernunft nicht unmittelbar Einleuchtende, oft genug einfach wegerklärt oder als Legende abgetan.

*Eine fatale Anbiederung an das inzwischen als überholt gel-
tende Weltbild der klassischen Physik! Was letztlich das gesamte
Offenbarungswissen in Mitleidenschaft gezogen hat.* Jesus Christus, das Mensch gewordene Abbild Gottes, wird bisweilen ver-
harmlosend zu einem erfolgreichen Wanderprediger und großen Sozialreformer herabgestuft, dessen revolutionäre Lehren
bei den Hohepriestern und der Tempeldienerschaft so anstößig
waren, dass der Kreuzestod unvermeidlich war. Vor allem seine
in den Evangelien berichtete Auferstehung aus einem Felsen-
grab und seine Erscheinungen im Kreise seiner Jünger passte
so gar nicht in dieses Denkschema. Obwohl Jesus zu Lebzeiten
in göttlicher Vollmacht sogar selber Tote wieder zum Leben er-
weckte: Lazarus und den Jüngling von Naim. Unsere Schriftge-
lehrten glaubten in eitler Gelehrsamkeit mehr zu wissen als die
Augenzeugen jener weltgeschichtlich einzigartigen Geschehnisse der drei Jahre des öffentlichen Wirkens Jesu hier auf Erden.
Seriöse Historiker verweisen hingegen darauf, dass die Menschen von damals sehr viel mehr gewusst haben als das, was in
den Evangelien schließlich seinen Niederschlag fand, die nur
ein Ausschnitt dessen sind, was tatsächlich geschah.

*Die zu Unrecht erfolgte Diskreditierung der biblischen
Überlieferung* durch übereifrige Aufklärer ist sicherlich ein
mitbestimmender Faktor im Prozess der seit einigen Jahrzehnten zu verzeichnenden Entkirchlichung und Entchristlichung
im westlichen Europa. Im Zusammenwirken mit der von den
linken Eliten kämpferisch verbreiteten Ansicht, dass das Christentum durch den Fortgang der Aufklärung seinen Anspruch
als *religio vera,* als eine von Gott selber gegründete Religion,
verloren habe. „Alle Krisen im Innern des Christentums rüh-
ren letztlich von der gewaltigen Wucht dieser Frage her", sagt

Papst emeritus Benedikt XVI. Dabei schlägt man häufig nur den Sack – Papst, Priestertum und Hierarchie der Kirche – meint aber den Esel, nämlich das Christentum als solches mit seinen hohen moralischen Anforderungen.

So gesehen greift es um Längen zu kurz, wenn reformwillige Kräfte in Deutschland, Laien wie Bischöfe, die Missbrauchs-fälle und eine angeblich überholte Sexualmoral – mehr geht doch eigentlich gar nicht mehr an „sexueller Befreiung" – für den Glaubensabfall verantwortlich machen und sich von der Abschaffung des Zölibats und der Zulassung des Frauenpries-tertums die große Wende zum Besseren erhoffen. Die evange-lische Kirche hat diesen Weg eingeschlagen; erfolglos, wie sich an den Austrittszahlen ablesen lässt.

Das eigentliche Problem ist die Glaubensskepsis und die hochmütige Gottvergessenheit unserer Zeit. Und dies vor dem Hintergrund gewaltiger, auf uns zukommender Heraus-forderungen. Sie brauchen hier nicht eigens aufgeführt zu wer-den. Sie stehen uns ausreichend deutlich vor Augen, nicht nur die irgendwann abebbende Corona-Krise mit den zu erwar-tenden wirtschaftlichen und sozialen Auswirkungen.

Bewusstsein und moderne Physik

Zur Krisenbewältigung brauchen wir, wie ich meine, einen *Bewusstseinswandel,* der die *erforderlichen moralischen Kräfte freizusetzen vermag.* Allzu lange ist unser moralisches Immunsystem durch ein materialistisches Denken geschwächt worden. Einem Denken, das uns auf die *Glücksversprechen eines von Gott und Glauben emanzipierten Säkularismus* vertrauen ließ, in Krisenzeiten wie der gegenwärtigen Corona-Pandemie aber auch schnell in Angst und Panik umschlagen kann.

Krisenzeiten können aber auch Anlass sein, den Blick auf unser Dasein zu überdenken; uns zu fragen, ob unsere Weltsicht nicht noch an Weite und Tiefe zulegen müsste.

Dazu gehört eben auch die Einbeziehung der Erkenntnisse der modernen Physik. Es kann nicht sein, dass weltweit über ein Drittel aller produzierten Güter den Erkenntnissen der Quantenphysik und Quantenmechanik zu verdanken ist; wir anderseits aber keine Ahnung davon haben, dass das neue Wissen die Existenz einer transzendenten Wirklichkeit nahelegt, auf etwas Metaphysisches also, mit dem die klassische Physik und Naturwissenschaft lange Zeit nichts zu tun haben wollte. Die Begründer der modernen Physik erkannten schon bald, dass dies nicht mehr lange durchzuhalten sein würde. *Werner Heisenberg,* einer der Väter der Quantenphysik, fasste die neue Sichtweise in folgende Worte: „Der erste Schluck aus dem Becher der Wissenschaft macht atheistisch. Doch auf dem Grund des Bechers wartet Gott." Gehören nicht viele von uns immer noch zu denen, die gerade erst den ersten kleinen Schluck aus dem Becher getan haben?

Wenn wir uns nicht länger den Einsichten verschließen, dass es ein transzendentes Sein gibt; durchwaltet von einem universalen Bewusstsein, an dem wir Menschen Anteil haben; **dass Geistiges frei von Materie existieren kann;** dass jedes Existierende für sich Mittelpunkt des Universums ist, also auch jeder Einzelne von uns, wie die Relativitätsphysik Einsteins uns lehrt; und dass ein allweiser und allmächtiger Geist alles Seiende mittels Quantenstruktur hervorgebracht hat. *Dann kommen wir um eine Antwort auf die Frage nicht herum, von welcher Art jener Geist ist, den wir Gott nennen.* Er könnte, sein Personsein vorausgesetzt, ja alles nur zur eigenen Selbstverherrlichung erschaffen haben. Sodass der um seinen Tod wissende Mensch „ins Dasein geworfen" wäre, um am Ende seiner Tage wieder im Nichts zu vergehen, wie es das letzte bedeutsame philosophische System des 20. Jahrhunderts, die *Existenzphilosophie* um *Martin Heidegger, Jean Paul Sartre* und *Albert Camus,* mit *heroischem Pathos* verkündete: Selbst wenn es Gott denn gäbe, müsse er um der Freiheit des Menschen willen geleugnet werden. So die an Hybris kaum mehr zu überbietende Aussage Sartres, der auf seinem Sterbebett dann verzweifelt bekennen musste: „Ich bin gescheitert." Für seine vor allem in den 60er Jahren überaus einflussreiche Philosophie der Anfang vom Ende, nicht aber für die Lebenspraxis vieler Menschen unserer Tage.

Eine für alle Zeiten gültige Antwort auf unser Fragen kann, wie Platon schon ahnte, ***nur Gott selber geben.*** Und er hat es getan gegenüber seinem erwählten Volk Israel am Berg Horeb, indem er Mose die Zehn Gebote übergab. Und als unüberbietbares Zeichen seiner Liebe zu uns Menschen, indem er sein Ebenbild in Jesus Christus Mensch werden ließ. „Ohne den Glauben an ihn rückt Gott für uns in unmessbare Ferne." – (Ratzinger). Beides ist laut Relativitätsphysik möglich, die unendliche Ferne Gottes wie auch seine unendliche Nähe. Die Lehre der Kirche von der Realpräsenz Jesu im Abendmahl, auf der Luther bestand und die katholische Kirche noch immer besteht, mag von manchen Theologen bezweifelt werden; aus Sicht der modernen Physik wird sie als Möglichkeit sogar vorstellbar. Letztlich bleibt sie aber „Geheimnis des Glaubens", wie es in der Messliturgie heißt, und sichtbares Zeichen der uns Menschen zugewandten Liebe Gottes.

Die Welt wieder bewusst von Gott her sehen

In der Welt der Quanten ist vieles nur schwer verständlich, nicht nur für uns Laien. „Wer von der Quantenphysik nicht schockiert ist und meint, alles verstanden zu haben, hat nichts begriffen", warnte schon früh einer ihrer renommiertesten Vertreter. Aber selbst das Wenige, das uns die oft verkürzten Darlegungen dieses Buches erschlossen haben, sollte reichen, uns die Existenz einer transzendenten Wirklichkeit erkennen zu lassen. Dies kann unserer Spiritualität von ganz unerwarteter Seite her neue Impulse geben. Zusätzlich zu dem, was „aus unserer Existenz als Ganzer aufsteigt" (Ratzinger) oder sich dem Offenbarungswissen verdankt. Wir können uns bestärkt fühlen in dem, was wir intuitiv schon immer für wahr gehalten haben: Dass alles Seiende, vom Kleinsten bis zum Größten, *als von Gott Gedachtes und durch sein Denken wirklich Gewordenes* zu betrachten ist. Dass wir als *Nach-Denkende* privilegiert sind, die Schönheit und Weisheit aller Dinge als von Ihm geschaffen wahrzunehmen und zu bestaunen. Leider hat uns die klassische Physik das Staunen weitgehend abgewöhnt. Wir müssen es wohl erst wieder lernen. Die Welt der Quanten gibt uns reichlich Gelegenheit dazu. Ist das Staunen über die Wunder und Schönheit dieser Welt doch letztlich eine Form der stillen Anbetung, wenn nicht gar der Gottbegegnung, da Gott die Liebe ist, wie der Hl. Johannes sagt, und Liebe ist Schönheit.

Literatur

Barrow, J. D./ Tipler, F. J., The Anthropic Principle, 1986

Barbbour, J., *Religion and Science*, 1997

Davies, P., *Gott und die moderne Physik*, 1986

Dürr, H. P., *Geist, Kosmos und Physik*, 2012

Dürr, H. P., *Es gibt keine Materie*, 2018

Grün, Anselm u. Michael, *Zwei Seiten einer Medaille. Gott und die Quantenphysik*, 2018

Gisin, N., *Der unbegreifliche Zufall*, 2014

Goswami, A., *Das bewusste Universum*, 2013

Haisch, B., *Die verborgene Intelligenz im Universum*, 2010

Kafatos, M., *The Conscious Universe*, 1990

Popper, K./ Eccles J., *Das Ich und sein Gehirn*, 1987

Ratzinger, Joseph, *Einführung in das Christentum*, 8. Auflage, 2006

Röthlein, B., *Schrödingers Katze*, 2001

Schäfer, L, *Biology Must Consider Quantum Effects*, 1993

Schäfer, L., *Versteckte Wirklichkeit*, 2004

Schneider, D., *Jesus Christus Quantenphysiker*, 2015

Schrödinger, E., *Geist und Materie*, 1989

Srivasta, J. N., *Life Comes from Life*, 2003

Stapp, H., *Mind, Matter and Quantum Mechanics*, 1993

Schuster, D., *Quantenphysik.* Eine leicht verständliche Einführung, 2018

Wheeler, J. A., *Geons, Black Holes, and Quantum Foam*, 1998

In unserer von Wissenschaft und Technik geprägten Welt stellt sich die Gottesfrage unter veränderten Vorzeichen. Verweise auf Bibel und Tradition finden im westlichen Europa derzeit bei immer weniger Menschen Gehör. Für eine Trendwende bedarf es nach Meinung des Autors eines Diskurses, der die Verteidigung des Schöpfungsglaubens verstärkt in den Zusammenhang harter naturwissenschaftlicher Fakten stellt. Suchenden wie Gläubigen sollte vordringlich und überzeugend vor Augen geführt werden, dass Glaube und Wissenschaft einander nicht ausschließen, sondern sich in wunderbarer Weise ergänzen. Eindrucksvolle Hinweise darauf liefert der erste Teil des Buches, während im zweiten Teil an zentrale Aspekte des christlichen Glaubens und Gottesbildes erinnert wird. Beides in dem Bestreben, zu einer neuen, die Wissenschaften einbeziehenden Spiritualität beizutragen.

Bruno Machinek

Ohne Gott geht gar nichts

Anstöße für ein spirituelles Update

DIN A 5, 152 Seiten, Klappenbroschüre

14,80 €

ISBN 978-3-87336-595-7

Gerhard Hess Verlag